钢结构工程关键岗位人员培训丛书

钢结构工程材料员必读

魏 群 主编

刘尚蔚 李增良
周国范 魏鲁杰 副主编

中国建筑工业出版社

图书在版编目（CIP）数据

钢结构工程材料员必读/魏群主编. —北京：中国建筑工业出版社，2011.9
钢结构工程关键岗位人员培训丛书
ISBN 978-7-112-13571-4

Ⅰ.①钢… Ⅱ.①魏… Ⅲ.①钢结构-建筑材料-技术培训-教材 Ⅳ.①TU511.3

中国版本图书馆 CIP 数据核字（2011）第 190364 号

本书作为钢结构工程材料员的培训用书，全面系统地介绍了钢结构工程材料员应掌握的基本知识和专业技能。全书共 13 章，分别包括：概述、材料管理、建筑钢结构用钢材的基本知识、型钢、钢板和钢带、结构用钢管、彩色钢板、其他钢结构用材料、建筑钢材的材质检验、焊接材料、螺栓连接和铆钉连接材料、钢结构防腐防火涂装材料、材料消耗定额管理。全书内容全面、浅显实用、概念清晰、操作性强。本书既可作为钢结构工程材料员的培训教材，也可作为钢结构工程施工管理人员、技术人员、监理人员、安全监督人员等的参考书。

* * *

责任编辑：范业庶
责任设计：赵明霞
责任校对：肖 剑 姜小莲

钢结构工程关键岗位人员培训丛书
钢结构工程材料员必读
魏 群 主编
刘尚蔚 李增良 周国范 魏鲁杰 副主编
*
中国建筑工业出版社出版、发行（北京西郊百万庄）
各地新华书店、建筑书店经销
霸州市顺浩图文科技发展有限公司
北京建筑工业印刷厂印刷
*

开本：787×1092 毫米 1/16 印张：9 字数：215 千字
2011 年 12 月第一版 2011 年 12 月第一次印刷
定价：25.00 元
ISBN 978-7-112-13571-4
（21354）

版权所有 翻印必究
如有印装质量问题，可寄本社退换
（邮政编码 100037）

《钢结构工程关键岗位人员培训丛书》
编写委员会

顾　问：姚　兵　　刘洪涛　　何　雄
主　编：魏　群
编　委：千战应　孔祥成　尹伟波　尹先敏　王庆卫　王裕彪
　　　　邓　环　冯志刚　刘志宏　刘尚蔚　刘　悦　刘福明
　　　　孙少楠　孙文怀　孙　凯　孙瑞民　张俊红　李续禄
　　　　李新怀　李增良　杨小荟　陈学茂　陈爱玖　陈　铎
　　　　陈　震　周国范　周锦安　孟祥敏　郑　强　姚红超
　　　　姜　华　秦海琴　袁志刚　贾鸿昌　郭福全　黄立新
　　　　靳彩　　魏定军　魏鲁双　魏鲁杰　高阳秋晔
　　　　卢　薇　李　玥　靳丽辉　王　静　梁　娜　张汉儒

前 言

钢结构作为建设领域的新兴行业，具有自重轻、易安装、施工周期短、抗震性能好、节能省地、可循环利用，建造和拆除时对环境污染较少等综合优势，被专家誉为 21 世纪的"绿色建筑"。随着我国钢铁工业的发展，国家建筑技术政策由以往限制使用钢结构转变为积极合理推广应用钢结构，从而推动了建筑钢结构的快速发展。

钢结构材料构配件是钢结构工程施工的物质条件，没有材料，就无法施工；材料质量是工程质量的基础，材料质量不符合要求，工程质量也就不可能符合标准。所以，加强材料的管理和质量控制，是提高工程质量的重要保障。

在钢结构材料采购与管理的过程中，钢结构材料员直接担负着为钢结构工程提供合格的建筑材料，快速有序的提供钢结构材料准备的任务，他们的工作是钢结构工程质量的前提和关键，他们的专业素质直接影响着钢结构工程的质量。为了提高材料员的专业素质，编者针对钢结构材料员必须掌握的知识，用通俗的语言编写了《钢结构工程材料员必读》这本书。

本书共十三章，包括概述、材料管理、建筑钢结构用钢材的基本知识、型钢、钢板和钢带、结构用钢管、彩色钢板、其他钢结构用材料、建筑用钢材材质检验、焊接材料、螺栓连接和铆钉材料、钢结构防腐防火涂装材料、材料消耗定额管理。系统地介绍了钢结构工程材料员必备的基本知识、基本理论和方法。编写时，力求内容简明扼要，浅显实用，讲清概念，联系实际，深入浅出，便于自学，文字通俗易懂，并附有例题、实例和有关图表，供参考使用。

在本书的编写过程中，参阅了大量的资料和书籍，并得到了出版社领导和有关人员的大力支持，在此谨表衷心感谢！由于我们水平有限，书中不足之处在所难免，恳切希望读者提出宝贵意见。

本书可作为钢结构工程中的材料员、项目经理、技术员、基建管理人员培训教材，也可作为大中专院校师生教学参考和自学资料。

目 录

1 概述 ·· 1
  1.1 材料管理概述 ·· 1
  1.2 材料员岗位职责与工作程序 ·· 1
    1.2.1 材料员岗位职责 ·· 1
    1.2.2 材料员工作程序 ·· 1

2 材料管理 ·· 4
  2.1 材料计划管理 ·· 4
    2.1.1 材料计划管理的任务 ·· 4
    2.1.2 编制和执行材料计划管理注意事项 ·· 4
    2.1.3 材料计划的构成内容 ·· 4
    2.1.4 材料计划的种类 ·· 5
  2.2 材料采购管理 ·· 5
    2.2.1 采购计划 ··· 5
    2.2.2 采购询价 ··· 5
    2.2.3 供应商确认和采购合同的签订 ·· 6
    2.2.4 人员选择 ··· 6
    2.2.5 利用计算机管理系统加强监督 ·· 7
  2.3 材料运输管理 ·· 7
    2.3.1 材料运输管理的意义与作用 ·· 7
    2.3.2 材料运输管理的任务 ·· 8
    2.3.3 材料运输的方式 ·· 8
    2.3.4 材料运输的组织 ·· 9
  2.4 材料仓储管理 ·· 10
    2.4.1 仓库的分类 ·· 11
    2.4.2 仓库规划 ··· 11
    2.4.3 材料仓储管理的特点、作用与任务 ··· 13
    2.4.4 仓库材料财务管理 ·· 14
    2.4.5 仓储盘点 ··· 14
    2.4.6 库存控制规模——A、B、C分类法 ·· 16
    2.4.7 仓储管理现代化 ·· 17
  2.5 材料验收管理 ·· 17
    2.5.1 材料验收管理的内容 ·· 17
    2.5.2 材料检验结果的处理 ·· 18
  2.6 材料使用管理 ·· 19

2.6.1 材料供应与管理的内容 ·· 19
　　2.6.2 材料供应与管理的作用和要求 ·· 19
　　2.6.3 材料供应与管理的原则 ·· 20
　　2.6.4 材料供应与管理的任务 ·· 21
2.7 材料核算 ·· 22
　　2.7.1 材料核算的概念及基础工作 ·· 22
　　2.7.2 材料核算的方法 ··· 22
　　2.7.3 材料核算的内容 ··· 23

3 建筑钢结构用钢材的基本知识 ·· 29
3.1 建筑钢结构用钢材的分类和性质 ··· 30
　　3.1.1 碳素结构钢的分类和形式 ··· 30
　　3.1.2 低合金高强度结构钢的分类和性质 ··································· 32
　　3.1.3 耐大气腐蚀用钢（耐候钢） ·· 33
　　3.1.4 桥梁用结构钢 ·· 33
　　3.1.5 其他建筑用钢材 ··· 36
3.2 钢材的牌号和选用 ··· 38
　　3.2.1 钢材牌号表示方法 ·· 38
　　3.2.2 钢材的标记 ··· 39
　　3.2.3 钢材的选用 ··· 41
3.3 常用钢材的化学成分和力学性能 ··· 42
　　3.3.1 碳素结构钢 ··· 42
　　3.3.2 优质碳素结构钢 ··· 43
　　3.3.3 低合金高强度结构钢 ··· 47
3.4 建筑钢结构用钢材的技术标准 ·· 50
　　3.4.1 国家标准《建筑结构用钢板》GB 19879—2005 ················· 50
　　3.4.2 国家标准《热轧 H 型钢和剖分 T 型钢》GB 11263—2010 ···· 50
　　3.4.3 国家标准《结构用冷弯空心型钢尺寸、外形、重量及允许偏差》GB/T 6728—2002 ··· 51
　　3.4.4 建筑行业标准《建筑结构用冷弯矩形钢管》JG/T 178—2005 ··· 52
　　3.4.5 冶金行业标准《焊接 H 型钢》YB 3301—2005 ···················· 52
　　3.4.6 建筑行业标准《结构用高频焊接薄壁 H 型钢》JG/T 137—2007 ··· 53
　　3.4.7 国家标准《彩色涂层钢板及钢带》GB/T 12754—2006 ········ 54
　　3.4.8 宝钢标准《连续热镀铝锌合金钢板及钢带》Q/BQ B425—2004 ··· 54

4 型钢 ·· 56
4.1 普通工字钢 ··· 56
　　4.1.1 概述 ··· 56
　　4.1.2 热轧工字钢 ··· 56
4.2 槽钢 ·· 57
4.3 角钢 ·· 57
　　4.3.1 热轧等边角钢 ·· 57
　　4.3.2 热轧角钢 ·· 58

4.4 轧制H型钢 ... 59
4.4.1 H型钢的特点 ... 59
4.4.2 H型钢的用途 ... 59
4.4.3 H型钢的分类 ... 60
4.4.4 H型钢的生产方法 ... 60
4.5 焊接H型钢 ... 61
4.6 冷弯型钢 ... 61
4.6.1 冷弯型钢的特点 ... 61
4.6.2 冷弯型钢的品种 ... 62
4.6.3 冷弯型钢的工艺 ... 62

5 钢板和钢带 ... 63
5.1 钢板 ... 63
5.1.1 中厚钢板 ... 63
5.1.2 普通中厚钢板 ... 63
5.1.3 优质中厚钢板 ... 63
5.1.4 薄钢板 ... 63
5.1.5 镀层薄板 ... 64
5.2 钢带 ... 66
5.2.1 热轧普通钢带 ... 66
5.2.2 冷轧普通钢带 ... 66
5.2.3 热轧优质钢带 ... 66
5.2.4 冷轧优质钢带 ... 66
5.2.5 镀涂钢带 ... 66

6 结构用钢管 ... 67
6.1 钢管外形尺寸、术语 ... 67
6.1.1 公称尺寸和实际尺寸 ... 67
6.1.2 偏差和公差 ... 67
6.1.3 交货长度 ... 67
6.1.4 壁厚不均 ... 68
6.1.5 椭圆度 ... 68
6.1.6 弯曲度 ... 68
6.1.7 尺寸超差 ... 68
6.2 结构用钢管的分类 ... 69
6.3 钢管的力学性能 ... 69
6.4 结构用钢管的执行标准 ... 70
6.5 焊接钢管 ... 71
6.5.1 直缝焊管 ... 71
6.5.2 一般焊管 ... 72
6.6 无缝钢管 ... 72

  6.6.1 无缝钢管的特点 ·· 73
  6.6.2 结构用无缝钢管标准 ·· 73
 6.7 钢塑复合管、大口径涂敷钢管 ··· 74

7 彩色钢板 ··· 75
 7.1 彩色钢板的分类 ·· 75
 7.2 彩色钢板的基材 ·· 75
 7.3 彩色钢板镀层 ·· 75
 7.4 彩色钢板涂层 ·· 76
  7.4.1 彩色涂层钢板种类 ··· 76
  7.4.2 彩色涂层钢板的常用涂料 ······································ 77
 7.5 彩色钢板的寿命 ·· 77
 7.6 彩色钢板的重量 ·· 78
 7.7 彩色钢板的厚度 ·· 78
 7.8 彩色钢板的宽度 ·· 78
 7.9 彩色钢板的检验 ·· 79
 7.10 单层彩色钢板压型板 ·· 79
 7.11 彩色钢板夹芯板 ··· 80
  7.11.1 夹芯板概述 ··· 80
  7.11.2 夹芯板的特性 ··· 81
  7.11.3 夹芯板的应用 ··· 81
  7.11.4 酚醛彩钢夹芯板 ·· 82
 7.12 彩色钢板围护结构配件 ·· 82
  7.12.1 连接件 ··· 82
  7.12.2 连接件的种类 ··· 83
 7.13 彩板建筑的密封材料 ·· 83
  7.13.1 丁基胶带 ··· 83
  7.13.2 适用范围 ··· 83
 7.14 彩色钢板建筑用采光板 ·· 84
  7.14.1 FRP 采光板 ·· 84
  7.14.2 PC 采光板 ·· 85
  7.14.3 玻璃钢瓦 ··· 86

8 其他钢结构用材料 ·· 87
 8.1 预应力钢结构用材料 ··· 87
 8.2 张力膜结构用材料 ·· 87
  8.2.1 膜材料 ·· 88
  8.2.2 索 ··· 89
  8.2.3 连接附件 ·· 90
 8.3 网壳网架结构用材料 ··· 90

9 建筑钢材的材质检验 91
9.1 钢结构材料 91
9.2 钢结构检测 91
9.2.1 用测厚仪测定钢结构截面厚度 91
9.2.2 钢结构涂层厚度的测定 92
9.2.3 钢结构屋架挠度的测定 92
9.3 钢结构质量检测与评定 92
9.3.1 钢结构存在的质量缺陷 92
9.3.2 材质检验与测定 93
9.3.3 钢结构构件变形检验与评定 93
9.3.4 钢结构的强度、变形及缺陷检测 93

10 焊接材料 94
10.1 焊条 94
10.1.1 概述 94
10.1.2 焊条的组成 94
10.1.3 焊条的主要性能、用途及其选用 95
10.1.4 焊条的使用和管理 96
10.1.5 焊条的型号及表示方法 98
10.1.6 焊条的分类 100
10.1.7 焊条的检验 100
10.2 焊剂 101
10.2.1 常用焊剂的型号 101
10.2.2 常用焊剂的牌号 101
10.3 其他焊接材料 103
10.3.1 CO_2 气体 103
10.3.2 融化嘴 104

11 螺栓连接和铆钉连接材料 105
11.1 普通螺栓的种类 105
11.1.1 普通螺栓的特性 106
11.1.2 高强度螺栓的种类、特性 106
11.1.3 普通螺栓和高强度螺栓连接的构造要求 108
11.2 铆钉种类、特性和构造要求 108
11.2.1 常用铆钉的种类 108
11.2.2 常用铆钉的构造要求 109

12 钢结构防腐防火涂装材料 111
12.1 防腐涂装材料 111
12.2 钢结构防护涂料产品分类命名和型号 112
12.3 钢结构防护涂料 116

- 12.3.1 环氧树脂类涂料 …… 116
- 12.3.2 聚氨酯树脂类涂料 …… 117
- 12.3.3 沥青 …… 117
- 12.3.4 氯化聚烯烃涂料 …… 118
- 12.3.5 聚脲涂料 …… 118
- 12.3.6 耐高温涂料 …… 119
- 12.3.7 聚硅氧烷高耐候涂料 …… 120
- 12.3.8 有机氟树脂涂料 …… 120
- 12.3.9 乙烯基酯树脂 …… 120
- 12.3.10 耐腐蚀配套涂料产品 …… 121
- 12.4 防火涂装材料 …… 123
  - 12.4.1 防火涂料 …… 124
  - 12.4.2 钢结构防火涂料的分类 …… 124
  - 12.4.3 钢结构防火涂料的技术性能 …… 125

13 材料消耗定额管理 …… 127
- 13.1 材料消耗定额 …… 127
- 13.2 材料消耗定额的内容 …… 127
  - 13.2.1 施工定额 …… 127
  - 13.2.2 材料消耗定额 …… 127
- 13.3 材料计划编制 …… 128
  - 13.3.1 工程材料计划的编制内容 …… 128
  - 13.3.2 工程材料计划的流程 …… 129

参考文献 …… 131

1 概 述

1.1 材料管理概述

材料管理是对建筑材料的计划、供应、使用等管理工作的总称。建筑材料构成建筑产品实体,是建筑生产的劳动对象。材料费用一般占建筑工程成本的 60%～70%。在我国,据统计,建筑用钢材、木材、水泥量,分别约占全国钢材、木材、水泥的生产和建设总用量的 1/4、1/4、2/3。合理地组织建筑材料的计划、供应与使用,保证建筑材料从生产企业按品种、数量、质量、期限进入建筑工地,减少流通环节,防止积压浪费,对缩短建设工期,加快建设速度,降低工程成本有重要意义。

材料管理的主要内容,包括选择材料资源,调查材料产地,分析物资流向,进行材料需求预测,编制材料计划,检查材料计划执行情况,保证材料供应和节约使用等。

1.2 材料员岗位职责与工作程序

1.2.1 材料员岗位职责

(1) 认真学习材料供应与管理的基本知识,贯彻执行有关条例和规定。

(2) 根据单位工程材料预算和月、旬的施工进度,协助施工员(项目经理)编制材料申请计划。

(3) 按照施工组织设计(或施工方案)和现场平面图合理堆放材料,为文明施工创造条件。

(4) 严把材料进场质量关,严格执行材料、工具等现场验收、保管和发放制度,各项领发手续需齐全,并建立责任制,努力降低材料的消耗。

(5) 积极协助施工员及项目经理经济合理地组织材料供应,减少储备,降低消耗,并督促检查材料的合理使用,不丢失,不浪费。

(6) 搞好材料、工具的退库和旧材料、包装材料、周转材料的回收、保管与使用,合理计算周转材料的折旧摊销金额。

(7) 实行限额配料,协助和配合有关部门推行经济核算制。

(8) 对生产班组不脱产的兼职材料员、工具员实行业务指导。

1.2.2 材料员工作程序

1. 编制计划

材料计划的编制是完成施工生产任务的重要环节,所以应该根据企业(工程处、单位、项目)施工、生产、维修任务所需材料的品种、规格、质量和时间的要求进行编制。同时,要加强核算和定额控制,以保证材料耗用的节约,推动材料的合理使用。材料计划一般可按用途、时间和材料的使用划分。

（1）按用途划分：即材料需用计划、材料供应计划、材料申请计划、材料订货计划（订货明细表）、材料采购计划。

（2）按时间划分：即年度计划、季度计划、月度计划、周计划或单位工程材料需用量计划、临时追加材料计划等。

（3）按材料的使用方向划分：即生产用料计划，双革、技措、维修等用料计划，机械制造用料计划，辅助生产及其他用料计划等。

在上述各类计划中，材料需用量计划是编制其他材料计划的基础，是控制供应量和供应时间的依据。

2. 材料采购

材料采购是在商品市场中进行的一项经济活动。它涉及面广，既复杂又繁重，既服务于工程又制约着施工生产，因此要完成采购任务，要做到知己知彼，内外协调，配合协作。采购材料时，既要对内部需用情况心中有数，更需了解市场商情，对市场经济信息进行搜集、整理、分析，为采购决策和择优选购提供依据。其主要途径是：直接向供应单位和生产厂家申请订货、建设单位供料、市场采购、协作调剂、加工改制、清仓挖潜及回收利用等。

在保证材料质量的前提下，采购材料的关键就在于采购人员的业务素质。采购人员在日常工作中应坚持"三比一算"（比质量、比价格、比距离、算成本）进行比较分析，从中选择适当的供应单位和生产厂家，并编制《材料供应单位一览表》，以便选择。

对包工不包料或分别供料的工程项目，建设单位应该采取实物形态的供应方式，把工程所需的各项计划物资拨付施工企业使用，也有交订货合同，由施工企业代为提运、供应的。对这两种情况，无论是供料是实用实销，还是按施工图预算包干使用，施工企业都必须积极做好接料工作。如果在品种、规格上存在缺口，施工企业应该没法帮助进行调剂配套，待施工图预算好后再进行核算，由建设单位补拨。除现货采购外，组织货源时大多采用合同或协议的形式。因此，材料工作人员必须懂得订立订货合同或协议的基本原则、主要内容和鉴证的方法与手续，以及违反合同应负的责任和处理方法。

3. 运输

在材料运输管理中，必须贯彻"及时、准确、安全、经济"的原则，采用正确的运输方式，经济合理地组织运输，用最少的劳动消耗、最短的时间和里程，把材料从产地运到生产消费地点，以满足工程需要。目前，我国有六种基本运输方式，即：铁路运输，公路运输，水路运输，航空运输，管道运输，民间群运。这六种运输方式各有其优缺点和适用范围，在选择运输方式时，要根据材料的品种、数量、运输距离、装运条件、供应要求和运费等因素择优录用。

材料运到后应及时提货，以免交付暂存费。

材料接运交付仓库或现场验收后，运输工作人员应立即办理运货的结算手续。然后，将有关托运、实物交接、到货验收等有关运输资料和凭证整理装订，并将各种材料运输的有关数据逐一登入运输表和运输计划执行情况汇总表，以备查考。这样，整个运输工作过程便告一段落。

4. 仓储管理

仓库业务管理是企业经营管理的重要组成部分。仓库业务主要由验收入库、保管保养和发料三个阶段组成。

（1）材料验收入库：验收入库的基本要求是准确、及时、严格，要把好材料质量关、数量关和单据关。即：凭证手续不全不收，规格数量不符不收，质量不合格不收。材料在验收质量和数量后，按实收数及时办理材料入库验收单，及时登账做卡。在验收材料过程中，如发现质量、数量、规格等问题，必须向供方书面提出退货、掉换、赔偿或追究违约责任的处理意见。

（2）材料保管保养：材料保管和维护保养是仓库管理的经常性业务，基本要求是保质、保量、保安全。

仓库储存材料应在统一规划、分区分类、合理存放、画线定位、统一分类编号及定位保管的基础上，按照"合理、牢固、定量、整齐、节约和方便"的原则合理堆码。材料堆码力求做到"四号定位"（即定仓库号、货架号、架层号、货位号）和"五五化"（即以五为基数进行材料堆码）。

材料的维护保养，必须坚持"预防为主、防治结合"的原则，在工作实践中做到：

① 根据材料不同的性能，采取不同的保管条件。
② 做好堆码及防潮、防损工作。
③ 严格控制温度和湿度。
④ 经常检查，随时掌握和发现保管材料的变质情况，并采取有效的补救措施。
⑤ 严格控制材料储存期限。
⑥ 搞好仓库卫生及库区环境卫生，加强安全及保卫工作。

（3）仓库和料场的材料必须定期进行盘点，以便准确地掌握实际库存量，了解材料储备定额执行情况，发现材料保管中存在的各种问题。

（4）材料出库：材料出库是仓库作业的最后一个环节，是划清仓库与用料部门经济责任的界线。因此，材料出库必须做到及时、准确、节约。材料出库的程序是：

① 准备：根据出库品种的性质及数量，准备相应的搬运力量。
② 核证：要认真审核发料地点、品种、规格、质量及数量，并对审核人、领料人的签章及有关规定的审批程序进行详细审核无误后，才能发料。而对外调材料，必须先办理财务手续，财务收款盖章后才能发料。
③ 备料：按凭证所列品种、规格、质量和数量进行备料，除指明批号外都应按"先进先出"的原则发放。
④ 复核：为防止误差，事后必须复查，然后再下账、改卡。
⑤ 点交：不管是内部领料还是外部提料，都要当面一次点交清楚，以便划清责任。
⑥ 最后填写材料出库凭证。

仓库材料管理员在做好上述工作的同时，要注意控制仓库的储存量，以利于加速材料周转，减少资金占用。对完工后剩余的材料或已领出的专用材料退回仓库时，经检查质量，点清数量后，才可办理退料手续。

5. 施工现场的材料管理

施工现场是建筑安装企业从事施工生产活动，最终形成建筑产品的场所，因此加强现场材料管理，是提高材料管理水平，克服施工现场浪费现象，提高经济效益的重要途径之一。注意，各施工企业的现场管理人员，都应掌握施工现场的材料管理原理和方法。

2 材料管理

2.1 材料计划管理

材料计划管理是指用计划来组织、指挥、监督、调节材料的订货、采购、运输、分配、供应、储备、使用等经济活动的管理工作。

2.1.1 材料计划管理的任务

材料计划管理任务是为企业施工生产做好物资准备，为施工过程做好平衡协调工作，采取措施，促进材料的合理使用，建立健全材料计划管理制度。

（1）根据建筑施工生产经营对材料的需求，核实材料用量，了解企业内外资源情况，做好综合平衡，正确编制材料计划，保证按期、按质、按量、配套组织供应。

（2）贯彻节约原则，有效利用材料资源，减少库存积压和各种浪费现象，组织合理运输，加速材料周转，发挥现有材料的经济效益。

（3）经常检查材料计划的执行情况，即时采取措施调整计划，组织供需的平衡，发挥计划的组织、指导、调节作用。

（4）了解实际供应和消耗情况，积累定额资料，总结经验教训，不断提高材料计划管理水平。

2.1.2 编制和执行材料计划管理注意事项

在编制和执行材料计划管理的过程中，要注意以下几点：
（1）认真编制各项材料计划，保持材料计划的准确性。
（2）对建筑施工材料供应工作的复杂性，应有足够的认识。
（3）保持材料计划的严肃性。

材料计划部门在制订材料计划的时候，除了依据基建工程项目与生产计划外，还必须对库存状况作出调查，并推算未来库存量变动态势，作出材料计划上的准确安排。在必要的情况下，制成正式的文件，提示与库存有关的制造部门和采购部门，以使计划得到认真贯彻。

2.1.3 材料计划的构成内容

材料计划的主要内容有：
（1）基建工程项目名称与编号，或者生产制造用途。
（2）品种、单价（幅度）与数量。
（3）所需要的时间或日期。
（4）所在部门或工程项目地点与环节。

2.1.4 材料计划的种类

材料计划的种类有两种，一种是特定物品，另一种是一般常备物品。特定物品根据实际发生的需求安排材料计划或订制或采购。一般常备物品则根据生产制造的消耗进行推断，按标准或制度规定库存量及采购批量，安排材料计划，进行订制与采购。

材料部门按材料计划监督材料入库情况，并经常向制造部门通报材料入库情况。另外，可根据库存情况与状态，在与制造部门协商的基础上，申请购买替代物品，以及启用其他可替代物品，以降低库存不必要的积压，加速库存物品的周转，合理利用库存物品等。

制造部门必须经常与材料计划部门保持联系，通报生产制造的作业进程，以及相应的材料需要量及需要日期，使材料计划部门能够及时安排材料采购与供应。

2.2 材料采购管理

采购管理是从采购计划开始，到采购询价、采购合同的签订，一直到采购材料进场为止的过程管理。这个过程中，要重点关注经济采购量的概念是如何在实际操作中应用的。

2.2.1 采购计划

（1）编制材料需用计划：材料的需用计划一般由项目的技术人员编制，其主要依据是图示量和施工方案的选择等具体要求，编制好的材料需用计划是物资部门确定经济采购量和编制材料采购计划的主要依据，物资部门再依据采购计划确定订货点，继而签订采购合同以及进行后期的存货管理。

（2）确定经济采购量：经济采购量是项目一定期间材料存货相关总成本达到最低的一批采购数量；与存货相关的成本，是指为形成和维持材料采购管理而引起的各项费用支出，其总额随材料数量、价格等属性的变化而增减，主要由订货成本、购买成本、储存成本和缺货成本四部分构成。确定经济采购量的目的，就是使与材料有关的上述四项成本总和达到最低；根据施工项目的一般情况，由于订货成本和储存成本相对较小，重点要考虑购买成本和缺货成本之和的最小化，最终得出一定期间的经济采购量。

（3）编制采购计划：根据材料的需用计划和经济采购量的分析结果，以及将要选择的合同类型，编制采购计划，说明如何对采购过程进行管理，具体包括合同类型、组织采购人员、管理潜在的供应商、编制采购文档、制定评价标准等，采购计划一般由项目物资部门制定。根据项目需要，采购管理计划可以是正式、详细的，也可以是非正式、概括的，关键强调其正确性、及时性和可执行性。

2.2.2 采购询价

采购询价就是从可能的卖方那里获得谁有资格、谁能最低成本完成材料采购计划中的供应任务，确定供应商的范围，该过程的专业术语也称作供方资格确认。获取信息的渠道有招标公告、行业刊物、专业建筑网站等媒体。

做好采购询价管理，现在需要充分利用计算机管理系统，借助网络优势，快速地浏览和获取需要的信息,从而保障采购询价管理,得到询价结果的高效率。

2.2.3 供应商确认和采购合同的签订

选择供应商的主要参照条件是在采购询价环节的评价结果,当然也要参照其他标准,如供应能力、历史信誉等。

采购合同是在确定了供应商后,项目却与供应商之间签订的确保双方履行约定的一份法律文件;在合同签订之前,需要对合同类型进行选择,因为不同的合同类型决定了风险在买方和卖方之间分配。项目的目标是把最大的实施风险放在供应商,同时维护对项目经济、高效执行的奖励;供应商的目标是把风险降到最低,同时使利润最大化。

常见的合同可分为以下三种:

(1) 成本加奖励费合同:主要用于长期的、硬件开发和试验要求多的合同。

(2) 固定价格加奖励费用合同:长期的高价值合同。

(3) 固定总价合同:项目易于控制总成本,风险最小;供应商承担的风险最大而获得的潜在利润也可能最大,因而最常用。

遏制采购腐败,在系统建设上全面完善岗位建设。针对采购环节,需要设置不同的岗位,是为了解决采购权力不要过分集中,需要互相制约和监督,同时又不要影响各岗位人员工作积极性。

一般来说,项目需要设置采购总负责人、询价员、合同员、采购员和库管员五个岗位;采购总负责人全面负责材料的采购管理,依据材料需用计划和岗位目标责任成本的管理规定等,制订并执行采购计划,协调并充分利用内部资源,最终高效低成本地采购到所需要物资;询价员主要负责按计划探询市场中定向物资的信息,书面提供给采购负责人和采购员,同时进行文档的存档管理;合同员的职责就是管理合同文件,随时监督合同执行情况;采购员的职责更多的是具体按合同,以指定的价格和数量完成采购任务;库管员的主要职责是按标准验收材料入库,材料进场后,合理规划存放和使用,尽可能地减少储存成本,做好库房的管理。

岗位设置的多少也不是一概而论,要以项目的大小和施工时间的跨度等实际情况而定,最终目的就是把事情做好,建立好内部岗位间的权利制约机制。

2.2.4 人员选择

采购管理各岗位人员的选择标准,需要具备以下综合素质:①具备一定的专业能力和沟通能力,具有法律意识、清廉等,还要尽量避免项目最高管理者(如项目经理的直系亲属)担当采购总负责人。专业能力不仅包括对所负责的材料属性有一定的认识,还要对材料管理的流程有一个清晰的思路;②清廉的素质,对经常与花钱打交道的采购人员来说尤其重要,虽然在内部管理各个环节上采取了种种措施,但对一线的采购人员来说,还是不可避免地遇到供应商主动提供的种种诱惑,怎样防止诱惑背后的陷阱设置,就需要采购人员本身要具备清廉的素养和法律意识。

(1) 员工培训:对采购各岗位人员的培训,包括:业务培训、法律常识培训、公司制度培训等。业务培训重在提高业务能力,比如采购的流程管理、经济采购量的确定方法、如何在新形势下做好采购询价等;而法律常识培训和公司制度培训则重在约束非正常行为，清楚和明确采购腐败的风险成本。

（2）绩效考核和薪酬分配制度建设：公司对各岗位成绩进行考评，引进和制定科学的管理方法，即绩效考核的标准是非常重要的，它可以不断促进采购管理各个环节的持续改进，对有效的工作给予肯定和鼓励，对其他一些非增效工作给予客观性的评定。目前，在施工企业项目管理中这方面的差距普遍存在，可以说是一项需要完善的工作。

成本管理的过程包含了六个环节的管理，分别是成本策划、成本计划、成本控制、成本核算、成本分析和成本考核。策划和计划阶段可有针对性地将采购各岗位目标责任确定下来，再通过强调岗位目标责任制，考核成本降低率等手段，对做好其他环节的管理如成本控制、成本核算和成本分析都会收到明显的效果。目前在上海的某知名施工企业已经成立了成本策划部，其实质意义也是重在前期确定成本责任目标，以便为后期做好科学的绩效考核提供依据，奠定基础。

2.2.5　利用计算机管理系统加强监督

作为成本管理中心的项目部与作为利润控制中心的公司，空间距离往往相差较远，若沿袭过去每月呈交报表来汇报和反馈项目运营状况，公司又不可能随时到现场跟踪项目运营，对于目前需要及时获取信息即时作出决策的环境来说，不充分借助计算机管理系统是很难达到上述要求的；而采用计算机管理系统，进行过程的监督控制，而非仅对结果关注，对公司而言也可以随时关注和监督整个项目的运行状况。

采购管理是整个施工项目管理的重要组成部分。材料的采购管理是项目采购管理的重要组成部分，是耗用资金最多的一个环节，它同时也是目前建筑项目成本管理中普遍失控的环节，也是参与人员易发生损公利己产生腐败的环节；材料采购管理的优与劣关系到了整个项目成本管理的成败，它已成为建筑施工企业对施工项目管理重点关注的领域；怎样做好材料采购管理，成为我们需要正视并急需解决的问题。

做好采购管理，应该从两个层面着手，分别是从技术层面提高业务的执行能力和从系统建设方面创建采购的环境，并不断地从这两个方面持续改进，最终一定会收到良好的效益。

2.3　材料运输管理

运输是物流运作的重要环节，在各个环节中运输时间及运输成本占有相当比重。现代运输管理是对运输网络和运输作业的管理，在这个网络中传递着不同区域的运输任务、资源控制、状态跟踪、信息反馈等。实践证明，通过人为控制运输网络信息和运输作业，效率低、准确性差、成本高、反应迟缓，无法满足客户需求。随着市场竞争的加剧，对于物流服务的质量要求越来越高，尤其是运输环节。

2.3.1　材料运输管理的意义与作用

材料运输是指借助运力实现材料在空间上的转移。在市场经济条件下，物资的生产和消费，在空间上的分布往往是不一致的。为了解决物资生产与消费在空间分布上的矛盾，必须借助运输使材料从产地转移到消费地区，满足生产建设的需要。所以材料运输是物资流通的一个组成部门，是材料供应管理中重要的一环。

材料运输管理是指对材料运输过程运用计划、组织、指挥和调节职能进行的管理，使材料运输合理化。其重要作用如下。

（1）加强材料运输管理，保证材料供应：加强材料运输管理，是保证材料供应，促使施工顺利进行的先决条件。企业所用的材料数量大，运输任务相当繁重。因此，必须加强运输管理，使材料迅速、安全、合理地完成空间转移，尽快实现其使用价值，保证施工生产的顺利进行。

（2）加强材料运输管理，提高经济效益：加强材料运输管理，合理地组织运输，可以缩短材料运输里程，减少在途时间，加快运输速度，提高经济效益。

2.3.2　材料运输管理的任务

材料运输管理的基本任务是：根据客观经济规律和物资运输原则，对材料运输过程进行计划、组织、指挥、监督和调节，争取以最少的里程、最低的费用、最短的时间、最安全的措施，完成材料的转移，保证工程需要。

材料运输管理的具体任务如下。

（1）贯彻"及时、准确、安全、经济"四项原则：

① 及时。指用最少的时间，把材料从产地运到施工、用料地点，及时供应使用。

② 准确。指材料在整个运输过程中，防止发生各种差错事故，做到不错、不乱、不差，准确无误地完成运输任务。

③ 安全。指材料在运输过程中保证质量完好，数量不缺，不发生受潮、变质、残损、丢失、爆炸和燃烧事故，保证人员、材料、车辆等安全。

④ 经济。指经济合理地选用运输路线和运输工具，充分利用运输设备，降低运输费用。

"及时、准确、安全、经济"四项原则是互相关联、辩证统一的，在组织材料运输时，应全面考虑，不能顾此失彼。只有正确全面地贯彻这四项原则，才能高效地完成材料运输任务。

（2）加强材料运输的计划管理：做好货源、流向、运输路线、现场道路、堆放场地等的调查和布置工作，会同有关部门编制材料运输计划，认真组织材料的发运、接收和必要的中转业务，搞好装卸配合，使材料运输工作在计划指导下协调进行。

（3）建立和健全以岗位责任制为中心的运输管理制度：明确运输工作人员的职责范围，加强经济核算，不断提高材料运输管理水平。

2.3.3　材料运输的方式

目前我国有六种基本运输方式，它们各有特点，采用着各种不同的运输工具，能适应不同情况的材料运输。在组织材料运输时，应根据各种运输方式的特点，结合材料的性质，运输距离的远近，供应任务的缓急及交通地理位置等来选择使用。

（1）铁路运输。

铁路是国民经济的大动脉，铁路运输是我国主要的运输方式之一。它与水路干线和各种短途运输相衔接，形成一个完整的运输网。

铁路运输的特点是运输能力大、运行速度快；一般不受气候、季节的影响，连续性强；管理高度集中，运行比较安全准确；运输费用比公路运输低。如设置专用线，大宗材料可以直达使用区域。铁路运输是远程物资的主要运输方式。但铁路运输的始发和到达作业费用比公路运输高，材料短途运输不经济。另外，铁路运输计划要求严格，托运材料必须按照铁道部的规章制度办事。

（2）公路运输。

公路运输基本上是地区性运输。地区公路运输网与铁路、水路干线及其他运输方式相配合，构成全国性的运输体系。

公路运输的特点：运输面广，机动灵活，快速，装卸方便。公路运输是铁路运输不可缺少的补充，是重要的运输方式之一，担负着极其广泛的中、短途运输任务。由于运费较高，不宜长距离运输。

（3）水路运输。

水运在我国整个运输活动中占有重要地位。我国河流多，海岸线长，通航潜力大，是最经济的一种运输方式。沿江、沿海的企业用水路运输建筑材料，是很有利的条件。

水路运输的特点是运载量大，运费低廉。但受地理条件的制约，直达率较低，往往要中转换装，因而装卸作业费用高，运输损耗也较大；运输的速度较慢，材料在途中时间长；还受枯水期、洪水期和结冰期的影响；准时性、均衡性较差。

（4）航空运输。

空运速度快，能保证急需。但飞机的装运量小，运价高，不能广泛使用。只适宜远距离运送急需的、贵重的、量小的或时间性较强的材料。

（5）管道运输。

管道运输是一种新型的运输方式，有很大的优越性。其特点是：运送速度快、损耗小、费用低、效率高。适用于输送各种液、气、粉、粒状的物资。我国目前主要用于运输石油和天然气。

（6）民间群运。

民间群运主要是指人力、畜力和木帆船等非机动车船的运输。

上述六种运输方式各有优缺点和适用范围。在选择运输方式时，要根据材料的品种、数量、运距、装运条件、供应要求和运费等因素综合考虑，择优选用。

2.3.4 材料运输的组织

经济合理的组织材料运输，是指材料运输要按照客观的经济规律，用最少的劳动消耗，最短的时间和里程，把材料从产地运到生产消费地点，满足工程的需要，实现最大的经济效益。

合理组织运输的途径，主要有以下四个方面。

（1）选择合理的运输路线：根据交通运输条件与合理流向的要求，选择里程最短的运输路线，最大限度地缩短运输的平均里程，消除各种不合理运输，如对流运输、迂回运输、重复运输、倒流运输和违反国家规定的物资流向的运输方式。组织工程材料运输时，要采用分析、对比的方法，结合运输方式、运输工具和费用开支进行选择。

（2）采取直达运输，"四就直拨"，减少不必要的中转运输环节：直达运输就是把材料从交货地点直接运到用料单位或用料地点，减少中转环节的运输方法。"四就直拨"是指四种直拨的运输形式，指在大、中城市和地区性的短途运输中采取"就厂直拨、就站（车站或码头）直拨、就库直拨、就船过载"的办法，把材料直接拨给用料单位或用料工地，可以减少中转环节，节约转运费用。

（3）选择合理的运输方式：根据材料的特点、数量、性质、需用的缓急、里程的远近和运价的高低，选择合理的运输方式，以充分发挥其效用。如，大宗材料运距在100km以上的远程运输，应选用铁路运输。沿江、沿海大宗材料的中、长距离运输宜采用水运。一般中短距离材料运输以汽车运输为宜，条件合适也可以使用火车运输。

短途运输、现场转运，使用民间群运的运输工具，则比较合算。

（4）合理使用运输工具：合理使用运输工具，是指充分利用运输工具的载重量和容积，发挥运输工具的效能，做到满载、快速、安全，以提高经济效益。其方法主要有下列几种。

1）提高装载技术，保证车船满载。不论采取哪一种运输工具，都要考虑其载重能力，保证装够吨位，防止空吨运输。铁路运输，有棚车、敞车、平车等，要使车种适合货种，车吨配合货吨。

2）做好货运的组织准备工作。做到快装、快跑、快卸，加速车船周转。事先要配备适当的装卸力量、机具，安排好材料堆放位置和夜间作业的照明设施。实行经济责任制，将装卸运输作业责任到人，以快装、快卸促满载、快跑，缩短车船停留时间，提高运输效率。

3）改进材料包装，加强安全教育，保证运输安全。一方面，要根据材料运输安全的要求，进行必要的包装和采取安全防护措施；另一方面，对装卸运输工作加强管理，防止野蛮装卸，加强对责任事故的处理。

4）加强企业自有运输力量管理。

除要做到以上几点外，还要按月下达任务指标，做好运行时间和里程记录。

货源地点、运输路线、运输方式、运输工具等都是影响运输效果的主要因素，要组织合理运输，应从这几方面着手。在材料采购过程中，应该就地就近取材，组织运距最短的货源；为合理运输创造条件。

2.4 材料仓储管理

一个材料仓储管理系统主要功能有：
1）供应商管理。
2）使用部门管理。
3）材料名称管理。
4）入库操作、查询。
5）出库操作、查询。
6）可分别按年、月、供应商生成入库汇总表。
7）可分别按年、月、使用部门生成出库汇总表。
8）库存及余额汇总查询。

仓储管理是材料从流通领域进入企业的"监督关",是材料投入施工生产消费领域的"控制关";材料储存过程又是保质、保量、完整无缺的"监护关"。所以,仓储管理工作负有重大的经济责任。

2.4.1 仓库的分类

1. 按储存材料的种类划分

(1) 综合性仓库。仓库建有若干库房,储存各种各样的材料。如在同一仓库中储存钢材、电料、木料、五金、配件等。

(2) 专业性仓库。仓库只储存某一类材料。如钢材库、木料库、电料库等。

2. 按保管条件划分

(1) 普遍仓库。储存没有特殊要求的一般性材料。

(2) 特种仓库。某些材料对库房的温度、湿度、安全有特殊要求,需按不同要求设保温库、燃料库、危险品库等。水泥由于粉尘大,防潮要求高,因而水泥仓库也是特种仓库。

3. 按建筑结构划分

(1) 封闭式仓库。指有屋顶、墙壁和门窗的仓库。

(2) 半封闭式仓库。指有顶无墙的料库、料棚。

(3) 露天料场。主要储存不易受自然条件影响的大宗材料。

4. 按管理权限划分

(1) 中心仓库。指大中型企业(公司)设立的仓库。这类仓库材料吞吐量大,主要材料由公司集中储备,也叫做一级储备。除远离公司独立承担任务的工程处核定储备资金控制储备外,公司下属单位一般不设仓库,避免层层储备,分散资金。

(2) 总库。指公司所属项目部或工程处(队)所设施工备料仓库。

(3) 分库。指施工队及施工现场所设的施工用料准备库,业务上受项目部或工程处(队)直接管辖,统一调度。

2.4.2 仓库规划

1. 材料仓库位置的选择

材料仓库的位置是否合理,直接关系到仓库的使用效果。仓库位置选择的基本要求是方便、经济、安全。仓库位置选择的条件是:

(1) 交通方便。材料的运送和装卸都要方便。材料中转仓库最好靠近公路(有条件的设专用线);以水运为主的仓库要靠近河道码头;现场仓库的位置要适中,以缩短到各施工点的距离。

(2) 地势较高,地形平坦,便于排水、防洪、通风、防潮。

(3) 环境适宜、周围无腐蚀性气体、粉尘和辐射物质。危险品库和一般仓库要保持一定的安全距离,与民房或临时工棚也要有一定的安全距离。

(4) 有合理布局的水、电供应设施,利于消防、作业、安全和生活之用。

2. 材料仓库的合理布局

材料仓库的合理布局,能为仓库的使用、运输、供应和管理提供方便,为仓库各项业

务费用的降低提供条件。合理布局的要求是:

(1) 适应企业施工生产发展的需要。如按施工生产规模、材料资源供应渠道、供应范围、运输和进料间隔等因素,考虑仓库规模。

(2) 纳入企业环境的整体规划。按企业的类型来考虑,如按城市型企业、区域性企业、现场型企业不同的环境情况和施工点的分布及规模大小来合理布局。

(3) 企业所属各级各类仓库应合理分工。根据供应范围、管理权限的划分情况来进行仓库的合理布局。

(4) 根据企业耗用材料的性质、结构、特点和供应条件,并结合新材料、新工艺的发展趋势,按材料品种及保管、运输、装卸条件等进行布局。

3. 仓库面积的确定

仓库和料场面积的确定,是规划和布局时需要首先解决的问题。可根据各种材料的最高储存数量、堆放定额和仓库面积利用系数进行计算。

(1) 仓库有效面积的确定。仓库有效面积是指实际堆放材料的面积或摆放货架货柜所占的面积,不包括仓库内的通道、材料与货架之间的空地面积。计算公式见式 (2-1)。

$$F=\frac{P}{V} \tag{2-1}$$

式中 F——仓库有效面积(m^2);
  P——仓库最高储存材料的数量(t、m^3);
  V——每平方米面积定额堆放数量。

(2) 仓库总面积计算。仓库总面积包括有效面积、通道及材料架之间的空地面积在内的全部面积。计算公式见式 (2-2):

$$S=\frac{F}{a} \tag{2-2}$$

式中 S——仓库总面积(m^2);
  F——有效面积(m^2);
  a——仓库面积利用系数,见表 2-1。

仓库面积利用系数 表 2-1

项次	仓库类型	a 值
1	密封通用仓库(内装货架,每两排货架之间留 1m 通道,主通道宽为 2.5~3.5m)	0.35~0.4
2	罐式密封仓库	0.6~0.9
3	堆置桶装或袋装的密封仓库	0.45~0.6
4	堆置木材的露天仓库	0.4~0.5
5	堆置钢材棚库	0.5~0.6
6	堆置砂、石料露天库	0.6~0.7

4. 仓库储存规划

材料仓库的储存规划是在仓库合理布局的基础上,对应储存的材料作全面、合理的具体安排,实行分区分类,货位编号,定位存放,定位管理。

仓库储存规划的原则是:布局紧凑,用地节省,保管合理,作业方便,符合防火、安全要求。

2.4.3 材料仓储管理的特点、作用与任务

1. 材料仓储管理的特点

(1) 仓储工作为实现产品的使用价值服务。仓储工作不创造使用价值，但创造价值。材料仓库是施工生产过程中为使生产不致中断，而解决材料生产消费在时间与空间上的矛盾必不可少的中间环节。材料处在储存阶段虽然不能使材料的使用价值增加，但通过仓储保管可以使材料的使用价值不受损失，从而为材料使用价值的最终实现创造条件。因此，材料仓储工作是产品的生产过程在流通领域的继续，是为实现产品的使用价值服务的。仓储劳动是社会的必要劳动，它同样创造价值。仓储管理工作创造价值这一特点，要求仓储管理必须提高水平，尽可能减少材料的损耗，使其使用价值得以实现。

(2) 不平衡和不连续。仓储工作具有不平衡和不连续的特点。这个特点给仓储管理工作带来一定的困难，这就要求管理人员在储存保管好材料的前提下，掌握各种不同材料的性能特点、运输特点，安排好进出库计划，均衡使用人力、设备及仓位，以保证仓储管理工作的正确运行。

(3) 直接为生产服务。仓储管理工作具有服务性质，直接为生产服务。仓储管理工作必须从生产实际出发，首先保证生产需要。同时要注意扩大服务项目，把材料的加工改制、综合利用和节约代用、组装、配套等提到管理工作的日程上来，使有限的材料发挥更大的作用。

2. 材料仓储管理的作用

(1) 保证顺利施工。仓储管理是保证施工生产顺利进行的必不可少的条件，是保证材料流通不致中断的重要环节。

施工生产的过程就是材料不断消耗的过程，储存一定量的材料，是施工生产正常进行的物质保证。各种材料要经过订货、采购、运输等环节，才能到达施工企业。为防止供需脱节，企业必须依靠合理的材料储备，来进行平衡和调剂。

(2) 是材料管理的重要组成部分。仓储管理是材料管理的重要组成部分。仓储管理是联系材料供应、管理和使用三方面的桥梁。仓储管理的好坏，直接影响材料供应管理工作目标的实现。

(3) 保持材料的使用价值。仓储管理是保持材料使用价值的重要手段。材料在储存期间，从物理化学角度看，在不断地发生变化。这种变化虽然因材料本身的性质和储存条件的不同而有差异，但一般都会造成不同程度的损害。仓储中的合理保管、科学保养，是防止或减少损害，保持其使用价值的重要手段。

(4) 加速材料周转减少库存。加强仓储管理，加速材料的周转，减少库存，防止新的积压，减少资金占用，从而可以促进物资的合理使用和流通费用的节约。

3. 材料仓储管理的任务

仓储管理是以优质的储运劳务，管好仓库物资，为按质、按量、及时、准确地供应施工生产所需的各种材料打好基础，确保施工生产的顺利进行。其基本任务是：

(1) 组织材料的收发管理工作。组织好材料的收发、保管、保养工作。要求达到快进、快出、多储存、保管好、费用省的目的，为施工生产提供优质服务。

(2) 健全仓库管理制度。建立健全合理的、科学的仓库管理制度，不断提高管理水平。

(3) 改进仓储技术。不断改进仓储技术，提高仓库作业的机械化、自动化水平。

(4) 加强经济核算。加强经济核算，不断提高仓库经营活动的经济效益。

(5) 培养仓储管理队伍。不断提高仓储管理人员的思想、业务水平，培养仓储管理的专职队伍。

2.4.4　仓库材料财务管理

(1) 记账凭证：

① 材料入库凭证：验收单、入库单、加工单等。

② 材料出库凭证：调拨单、借用单、限额领料单、新旧转账单等。

③ 盘点、报废、调整凭证：盘点盈亏调整单、数量规格调整单、报损报废单等。

(2) 记账程序：

① 审核凭证。审核凭证的合法性、有效性。凭证必须是合法凭证，有编号，有材料收发动态指标，能完整反映材料经营业务从发生到结束的全过程情况。临时借条均不能作为记账的合法凭证。合法凭证指按规定填写齐全，如日期、名称、规格、数量、单位、单价等。印章要齐全，台头要写清楚，否则为无效凭证，不能据无效凭证记账。

② 整理凭证。记账前先将凭证分类、分档排列，然后依次序逐项登记。

(3) 账册登记。根据账页上的各项指标自左至右逐项登记。已记账的凭证，应加标记，防止重复登账。记账后，对账卡上的结存数要进行验算，即：上期结存＋本项收入－本项发出＝本项结存。

2.4.5　仓储盘点

仓库所保管材料的品种、规格繁多，计量、计算易发生差错，保管中发生的损耗、损坏、变质、丢失等种种因素，可能导致库存材料数量不符，质量下降。只有通过盘点，才能准确地掌握实际库存量，摸清材料质量状况，掌握材料保管中存在的各种问题，了解储备定额执行情况和呆滞、积压数量，以及利用、代用等挖潜措施的落实情况。

1. 仓储盘点方法

(1) 定期盘点。指季末或年末对仓库保管的材料进行全面、彻底盘点。达到有物有账，账物相符，账账相符，并把材料数量、规格、质量及主要用途搞清楚。由于清点规模大，应先做好组织与准备工作，主要内容有：

① 划区分块，统一安排盘点范围，防止重查或漏查。

② 校正盘点用计量工具，统一印制盘点表，确定盘点截止日期和报表日期。

③ 安排各现场、车间，对已领未用的材料办理"假退料"手续，并清理成品、半成品、在线产品。

④ 尚未验收的材料，具备验收条件的，抓紧验收入库。

⑤ 代管材料，应有特殊标志，另列报表，便于查对。

(2) 永续盘点。对库房内每日有变动（增加或减少）的材料，当日复查一次，即当天对有收入或发出发生的材料，核对账、卡、物是否对口。这种连续进行抽查盘点，能及时发现问题,便于清查和及时采取措施,是保证账、卡、物"三对口"的有效方法。永续盘点必须做到当天收发,当天记账和登卡。

2. 仓储盘点中问题的处理

盘点时要对实际库存量和账面结存量进行逐项核对,并同时检查材料质量、有效期、安全消防及保管状况,编制盘点报告。

(1) 盘点中数量出现盈亏,若盈亏量在国家和企业规定的范围之内时,可在盘点报告中反映,不必编制盈亏报告,经业务主管审批后,据此调整账务;若盈亏量超过规定时,除在盘点报告中反映外,还应填写"材料盘点盈亏报告单",见表2-2,经领导审批后再行处理。

材料盘点盈亏报告单　　　　　　　　　　　　　　　　表2-2

填报单位：　　　　　　　　年　月　日　　　　　　第　号

材料名称	单位	账存数量	实存数量	盈(+)亏(-)数量及原因
部门意见				
领导批示				

(2) 库存材料发生损坏、变质、降等级等问题时,填报"材料报损报废报告单",见表2-3,并通过有关部门鉴定损失金额,经领导审批后,根据批示意见处理。

材料报损报废报告单　　　　　　　　　　　　　　　　表2-3

填报单位：　　　　　　　　年　月　日　　　　　　编号

名称	规格型号	单位	数量	单价	金额
质量状况					
报损报废原因					
技术鉴定处理意见	负责人签章				
领导批示	签　章				

主管：　　　　　　　审核：　　　　　　　制表：

(3) 库房被盗或遭破坏,其丢失及损失材料数量及相应金额,应专项报告,经保卫部门核查后,按上级最终批示做账务处理。

(4) 出现品种规格混串和单价错误,在查实的基础上,经业务主管审批后按表2-4要求进行调整。

材料调整单　　　　　　　　　　　　　　　　　　　表 2-4

项目	材料名称	规格	单位	数量	单价	金额	差额(+、-)
原列							
应列							
调整原因							
批示							

保管：　　　　　　　　记账：　　　　　　　　制表：

（5）库存材料一年以上没有发出，列为积压材料。

2.4.6　库存控制规模——A、B、C 分类法

（1）A、B、C 分类法原理。

A、B、C 分类法是一种从种类繁多，错综复杂的多项目或多因素事物中找出主要矛盾，抓住重点，照顾一般的管理方法。施工企业所需的材料种类繁多，势必难以管理好，且经济上也不合理。只有实行重点控制，才能达到有效管理。在一个企业内部，材料的库存价值和品种数量之间存在一定比例关系，可以描述为"关键的少数，次要的多数"。一般有 5%～10%的材料，资金占用额达 70%～75%；有 20%～25%的材料，资金占用额为 20%～25%；还有 65%～70%的大多数材料，资金占有额仅为 5%～10%。根据这一规律，将库存材料分为 ABC 三类，见表 2-5。

材料 ABC 分类表（单位：%）　　　　　　　　表 2-5

分类	分类依据	品种数	资金占用量
A 类	品种较少但需要量大、资金占用较高	5～10	70～75
B 类	品种不多、资金占用额中等	20～25	20～25
C 类	品种数量很多、资金占用比重却较少	65～70	5～10
合计		100	100

根据 A、B、C 三类材料的特点，可分别采用不同的库存管理方法。A 类材料是重点管理的材料，对其中每种材料都要规定合理的经济订货批量，尽可能减少安全库存量，并对库存量随时进行严格盘点。把这类材料控制好了，对资金节省起重要作用。对 B 类材料也不能忽视，应认真管理，控制其库存。对于 C 类材料，可采用简化的方法管理，如定期检查，组织在一起订货或加大订货批量等。三类材料的管理方法比较见表 2-6。

A、B、C 分类管理方法　　　　　　　　　　　表 2-6

管理类型		材料的分类		
		A	B	C
价值		高	一般	低
定额的综合程度		按品种或按规格	按大类品种	按该类的总金额
定额的检查方法	消耗定额	技术计算法	写真计算法	经验估算法
	库存周转金额	按库存量的不同条件下的数学模型计算	同 A	经验估算法

续表

管理类型	材料的分类		
	A	B	C
检查	经常检查	一般检查	季或年度检查
统计	详细统计	一般统计	按全额统计
控制	严格控制	一般控制	金额总量控制
安全库存量	较低	较大	允许较高

（2）A、B、C分类法工作步骤

1）计算每一种材料年累计需用量。
2）计算每一种材料年使用金额和年累计使用金额，并按年使用金额大小的顺序排列。
3）计算每一种材料年需用量和年累计需用量占各种材料年需用总量的比重。
4）计算每一种材料使用金额和年累计使用金额占各种材料使用金额的比重。
5）画出帕莱特曲线图。
6）列出 ABC 分类汇总表。
7）进行分类控制。

2.4.7 仓储管理现代化

仓储管理现代化的内容主要包括仓储管理人员的专业化、仓储管理方法的科学化及仓储管理手段的现代化。实现仓储管理现代化应做好如下工作。

（1）重视和加强仓储管理人员的培养、教育和提高，建成一支具有现代科学知识、管理技术、专门从事仓储建设及管理的队伍，要使仓储各级管理人员专业化。

（2）按照客观规律的要求和最新科技成果管理好仓储生产。针对仓储生产的特点，不断把先进的技术及管理方法应用于仓储管理，使仓储管理方法科学化。

（3）充分利用计算机及其他先进的信息管理手段，指挥、控制仓储业务管理、库存管理、作业自动化管理及信息处理等，使仓储管理手段日趋现代化。

2.5 材料验收管理

2.5.1 材料验收管理的内容

（1）待收料。收料人员在接到采购部门转来已核准的"采购单"时，按供应商、料别及交货日期分别依序排列存档，并于交货前安排存放的库位以利收料作业。

（2）收料：

1）内购收料。材料进厂（场）后，收料人员必须依"采购单"的内容，并核对供应商送来的物料名称、规格、数量和送货单及发票，在清查数量无误后，将到货日期及实收数量填于"请购单"，办理收料。如发觉所送来的材料与"采购单"上所核准的内容不符时，应即时通知采购处理，并通知主管，原则上非"采购单"上所核准的材料不予接受，如采购部门要收下该材料时，收料人员应告知主管，并于单据上注明实际收料状况，并会签采购部门。

2）外购收料。

材料进厂（场）后，物料管理收料人员即会同检验单位依"装箱单"及"采购单"开柜（箱），核对材料名称、规格并清点数量，并将到货日期及实收数量填于"采购单"。开柜（箱）后，如发觉所载的材料与"装箱单"或"采购单"所记载的内容不同时，通知办理进货人员及采购部门处理。其发觉所装载的物料有倾覆、破损、变质、受潮等异常时，经初步计算损失将超过5000元以上者（含），收料人员即时通知采购人员联络公证处前来公证或通知代理商前来处理，并尽可能维持现状以利公证作业，如未超过5000元者，则依实际的数量办理收料，并于"采购单"上注明损失数量及情况。

3）对于由公证或代理商确认。物料管理收料人员开立"索赔处理单"呈主管核实后，送会计部门及采购部门督促办理。

（3）材料待验。

进厂待验的材料，必须在物品的外包装上贴材料标签并详细注明料号、品名、规格、数量及入厂日期，且与已检验者分开储存，并规划"待验区"，以示区分。收料后，收料人员应将每日所收料品汇总填入"进货日报表"，作为入账清单的依据。

（4）超交处理。

交货数量超过"订购量"部分应予退回，但属买卖惯例，以重量或长度计算的材料，其超交量在3‰（含）以下，由物料管理部门收料时，在备注栏注明超交数量，经请购部门主管（含科长）同意后，始得收料，并通知采购人员。

（5）短交处理。

交货数量未达订购数量时，以补足为原则，但经请购部门主管（科长含）同意者，可免补交，短交如需补足时，物料管理部门应通知采购部门联络供应商处理。

（6）急用品收料。

紧急材料在厂商交货时，若物料管理部门尚未收到"请购单"时，收料人员应先洽询采购部门，确认无误后，始得依收料作业办理。

（7）材料验收规范。

为利于材料检验收料作业，质量管理部门就材料重要性及特性等，适时召集使用部门及其他有关部门，依所需的材料质量研订"材料验收规范"，呈总经理核准后公布实施，作为采购及验收的依据。

2.5.2 材料检验结果的处理

（1））检验合格的材料，检验人员在外包装上贴合格标签，以示区别，物料管理人员再将合格品入库定位。

（2）不合格验收标准的材料，检验人员在物品包装上贴不合格的标签，并于"材料检验报告表"上注明不良原因，经主管核实处理对策，并转采购部门处理及通知请购单位，再送回物料管理部门凭此办理退货，如待采时则办理收料。

（3）退货作业：对于检验不合格的材料退货时，应开立"材料交运单"，并附有关"材料检验报告表"呈主管签认后，凭此异常材料出厂（场）。

2.6 材料使用管理

施工项目材料管理就是项目经理部为顺利完成工程施工，合理节约使用材料，努力降低材料成本所进行的材料计划、订货采购、运输、库存保管、供应加工、使用、回收等一系列工作的组织和管理，其重点在现场。

施工项目的材料要做到计划和采购供应，必须重视施工项目材料计划的编制，因为施工项目材料计划不仅是项目材料管理的基础，也是企业的材料计划管理工作的基础，只有做好施工项目的材料计划，企业材料计划才能真正落实。

(1) 施工项目经理部应及时向企业材料管理部门提交各种材料计划，并签订相应的材料合同，落实材料计划管理。

(2) 经企业材料供应部门批准，由项目经理部负责采购供应计划以外的材料、特殊材料和零星材料，由项目部按计划采购，并做好材料的申请、订货采购工作，使所需全部材料从品种、规格、数量、质量和供应时间上都能按计划得到落实，不留缺口。

(3) 项目部应做好计划执行过程中的检查工作，发现问题，找出薄弱环节，及时采取措施，保证计划实现。

(4) 加强日常的材料平衡工作。

2.6.1 材料供应与管理的内容

材料供应与管理的主要内容是：两个领域、三个方面和八项义务。

(1) 两个领域。指材料流通领域和生产领域。

1) 流通领域的材料管理是指在企业材料计划指导下，组织货源，进行订货、采购、运输和技术保管，以及对企业多余材料向社会提供资源等活动的管理。

2) 生产领域的材料管理是指在生产消费领域中，实行定额供料，采取节约措施和奖励办法，鼓励降低材料单耗，实行退料回收和修旧利废活动的管理。企业的施工队伍，是材料供、管、用的基层单位，它的材料工作重点是管和用。工作的好与坏，对管理的成效有明显作用，可以提高企业经济效益。

(2) 三个方面。指材料的供、管、用，它们是紧密结合的。

(3) 八项业务。指材料计划、组织货源、运输供应、验收保管、现场材料管理、工程耗料核销、材料核算和统计分析八项业务。

2.6.2 材料供应与管理的作用和要求

做好材料供应与管理工作，除材料部门积极努力外，尚需各有关方面的协作配合，以达到供好、管好、用好工程材料，降低工程成本。其作用和要求主要有以下几点：

(1) 落实资源，保证供应。

工程任务落实后，材料供应是重要的保证条件之一。施工企业必须按施工图预算核实材料需用量，组织材料资源。材料部门要主动与建设单位联系，属于建设单位供应的材料，要全面核实其现货、订货、在途资源及工程需用量的余缺。双方协商，明确分工并落实责任，分别组织配套供应，及时、保质、保量地满足施工生产的需求。

(2) 重视采购质量，加速周转，节省费用。

搞好材料供应与管理，必须重视采购、运输和加工过程的数量、质量管理。根据施工生产进度要求，掌握轻、重、缓、急，结合市场调节，尽最大努力"减少在途"、"压缩库存"材料，加强调剂缩短材料的"在途、在库"时间，加速周转。与材料供应管理工作有关的各部门，都要明确经济责任，全面实行经济核算制度，降低材料成本。

(3) 抓好商情信息管理。

商情信息与企业的生存和发展有密切联系。材料商情信息的范围较广，变化较快，要认真搜集、整理、分析和应用。材料部门要有专职人员，经常了解市场材料流通供求情况，掌握主要材料和新型建材动态（包括资源、质量、价格、运输条件等）。搜集的信息应按来源分类整理、建立档案，为领导提供决策依据。施工单位调研市场信息的做法可以采取普遍函调、择优重点调查和实地走访三种方式，即印好调查表向各生产厂函调，根据信息反馈择优进行重点调查或实地走访调查。通过信息整理、分析和研究，摸清材料的产量、质量、价格及供货条件等情况，组织定点挂钩，做到供需衔接，最后取得成效。

(4) 降低材料单耗。

材料单耗是指工程产品每平方米所耗用工程材料的数量。由于产品是固定的，施工地点分散，露天作业多，不免要受自然条件的限制，施工中还不可避免的发生工程变更，均会影响均衡施工。材料需用过程中品种、规格和数量的变动大，使定额供料增加了困难。为降低材料单耗水平，首先要完善设计，改革工艺，使用新材料，认真贯彻节约材料技术措施。施工中要贯彻操作规程，合理使用材料，克服施工现场浪费材料的现象。要在保证工程质量的基础上，严格执行材料定额管理。由于材料品种、规格繁多，应选定主要品种，进行核算，认真按定额控制用料，降低材料单耗水平。

2.6.3 材料供应与管理的原则

材料供应与管理，应遵循以下四方面原则：

(1) 从施工生产出发，为施工生产服务的原则。

"从施工生产出发，为施工生产服务"的方针，是"发展经济、保障供给"的财经工作总方针的具体化，是材料供应与管理工作的基本出发点。

(2) 加强计划管理的原则。

工程产品中不论工程结构繁简，建设规模大小，都是根据使用目的，预先设计，然后施工的。施工任务一般落实较迟，但一经落实就急于开工，加上施工过程中情况多变，若没有适当的材料储备，就会缺乏应变能力。搞好材料供应，关键在于摸清工程规模，提出备料计划，在计划指导下组织好各项施工活动的衔接，保证材料满足工程需要，使施工生产顺利进行。

(3) 加强核算，坚持按质论价的原则。

往往同一品种材料，因各地厂家或企业生产经营条件不同和市场供求关系等原因，价格上存在明显差异。在采购订货企业活动中应遵守国家物价政策，按质论价、协商定购。

(4) 履行节约的原则。

履行节约是一切经济活动都必须遵守的根本原则。材料供应管理活动包含两方面意义：一方面，是材料部门在经营管理中，精打细算，节省一切可能节约的开支，努力降费用水平；另一方面，是通过业务活动加强定额控制，促进材料耗用的节约，推动材料的合理使用。

2.6.4 材料供应与管理的任务

工程材料供应与管理工作的基本任务是：本着供应与管理材料必须坚持"管供、管用、管节约和管回收、修旧利废"的原则，把好供、管、用三个主要环节，以最低的材料成本，按质、按量、及时、配套供应施工生产所需的材料，并监督和促进材料的合理使用。

材料供应与管理的具体任务如下：

(1) 提高计划管理质量，保证材料供应。

提高计划管理质量，首先要提高核算工程用料的正确性。计划是组织指导材料业务活动的重要环节，是组织货源和供应工程用料的依据。无论是需用计划，还是材料平衡分配计划，都要以单位工程（大的工程可用分部工程）进行编制。但是，往往由于设计变更、施工条件的变化，打破了原定的材料供应计划。为此，材料计划工作需要与设计单位、建设单位和施工部门保持密切联系。对重大设计变更，大量材料代用，材料的价差和量差等重要问题，应与有关单位协商解决好。同时材料员要有应变的工作能力与水平，才能保证工程需要。

(2) 提高供应管理水平，保证工程进度。

材料供应与管理包括采购、运输、验收、现场及仓库管理业务，这是配套供应的先决条件。由于产品的规格、式样多，每项工程都按照工程的特定要求设计和施工，对材料各有不同的需求，数量和质量受到设计的制约，而在材料流通过程中还要受生产和运输条件的制约，价格上受地区预算价格的制约。因此材料部门要主动与施工部门保持密切联系，交流情况，互相配合，才能提高供应管理水平，适应施工的材料要求。对特殊材料还要采取专料专用控制，以确保工程用料。

(3) 加强施工现场材料管理，坚持定额用料。

钢结构工程由于用料数量多，运量大，储存材料困难，在施工高峰期间土建、安装交叉作业，材料储存地点与供、需、运、管之间矛盾突出，容易造成材料浪费。因此，施工现场材料管理，首先要建立健全材料供应与管理责任制度，材料员应参加现场施工总平面图关于材料布置的规划工作。在组织管理方面要坚持专业管理与全员管理相结合的原则，建立健全施工队（组）的管理网，这是材料使用管理的基础。在施工过程中要坚持定额供料，严格执行领退手续，达到"工完料尽场地清"，克服浪费，节约有奖。

(4) 严格经济核算，降低成本，提高效益。

企业要提高经济效益，必须立足于全面提高经营管理水平。钢结构工程材料费用占工程费用比例很大，应严格经济核算，力求降低成本，提高效益。材料供应管理中各项业务活动，要全面实行经济核算责任制度。由于材料供应方面的经济效益较为直观、可比，目前在不同程度上已重视材料价格差异的经济效益，但仍忽视材料的使用管理，甚至以材料价差盈余掩盖材料使用管理的不足，这不利于提高企业管理水平及经济效益，应当引起重视。

2.7 材料核算

2.7.1 材料核算的概念及基础工作

(1) 材料核算的概念。

材料核算是企业经济核算的重要组成部分。所谓材料核算就是以货币或实物数量的形式，对施工企业材料管理工作中的采购、供应、储备、消耗等项业务活动进行记录、计算、比较和分析，从而提高材料供应管理水平的活动。

(2) 材料核算的基础工作。

材料供应核算是施工企业经济核算工作的主要组成部分，材料费用一般占工程造价60%左右，材料的采购供应和使用管理是否经济合理，对企业的各项经济技术指标的完成，特别是经济效益的提高有着重大的影响。因此，施工企业在考核施工生产和经营管理活动时，必须抓住工程材料成本核算、材料供应核算这两个重要的工作环节。进行材料核算，应做好以下基础工作：

1) 要建立和健全材料核算的管理体制。要建立健全材料核算的管理体制，使材料核算的原则贯穿于材料供应和使用的全过程，做到干什么、算什么，人人讲求经济效果，积极参加材料核算和分析活动。这就需要组织上的保证，把所有业务人员组织起来，形成内部经济核算网，为实行指标分管和开展专业核算奠定组织基础。

2) 建立健全核算管理制度。要明确各部门、各类人员以及基层班组的经济责任，制定材料申请、计划、采购、保管、收发、使用的办法、规定和核算程序。把各项经济责任落实到部门、专业人员和班组，保证实现材料管理的各项要求。

3) 重视经营管理基础工作。经营管理基础工作主要包括材料消耗定额、原始记录、计量检测报告、清产核资和材料价格等。材料消耗定额是计划、考核、衡量材料供应与使用是否取得经济效果的标准。

原始记录是反映经营过程的主要凭据；计量检测是反映供应、使用情况和记账、算账、分清经济责任的主要手段；清产核资是摸清家底，弄清财、物分布占用，进行核算的前提；材料价格是进行考核和评定经营成果的统一计价标准。没有良好的基础工作，就很难开展经济核算。

2.7.2 材料核算的方法

1. 工程成本的核算方法

工程成本核算是指对企业已完工程的成本水平，执行成本计划的情况进行比较，是一种既全面又概略的分析。工程成本按其在成本管理中的作用有三种表现形式：

(1) 预算成本。预算成本是根据构成工程成本的各个要素，按编制施工图预算的方法确定的工程成本，是考核企业成本水平的主要标尺，也是结算工程价款、计算工程收入的重要依据。

(2) 计划成本。计划成本是企业为了加强成本管理，在施工生产过程中有效地控制生产耗费，所确定的工程成本目标值。计划成本应根据施工图预算，结合单位工程的施工组织设计和技术组织措施计划、管理费用计划确定。它是结合企业实际情况确定的工程成本控制额，是企业降低消耗的奋斗目标，是控制和检查成本计划执行情况的依据。

(3) 实际成本。实际成本是企业完成工程实际应计入工程成本的各项费用之和。它是企业生产耗费在工程上的综合反映，是影响企业经济效益高低的重要因素。

工程成本核算，首先是将工程的实际成本同预算成本比较，检查工程成本是节约还是超支。其次，是将工程实际成本同计划成本比较，检查企业执行成本计划的情况，考察实际成本是否控制在计划成本之内。无论是预算成本和计划成本，都要从工程成本总额和成本项目两个方面进行考核。

在考核成本变动时，要借助成本降低额（预算成本降低额和计划成本降低额）和成本降低率（预算成本降低率、计划成本降低率）两个指标。前者用以反映成本节超的绝对额，后者反映成本节超的幅度。

2. 工程成本材料费的核算

工程材料的核算反映在两个方面：一是定额规定的材料定额消耗量与施工生产过程中材料实际消耗量之间的"量差"；二是材料投标价与实际采购供应材料价格之间的"价差"。工程材料成本盈亏主要核算这两个方面。

(1) 材料的量差。材料部门应按照定额供料，分单位工程记账，分析节约与超支，促进材料的合理使用，降低材料消耗。做到对工程用料，临时设施用料，非生产性其他用料，区别对象划清成本项目。对属于费用性开支非生产性用料，要按规定掌握，不能记入工程成本。对供应两个以上工程同时使用的大宗材料，可按定额及完成的工程量进行比例分配，分别记入单位工程成本。

为了抓住重点，简化基层实物量的核算，根据各类工程用料特点，结合班组核算情况，可以选定占工程材料费用比重较大的主要材料，如钢材、水泥、砂、石、石灰等按品种核算，施工队建立分工号的实物台账，一般材料则按类核算，掌握队、组用料节超情况，从而找出定额与实耗的量差，为企业进行经济活动分析提供资料。

(2) 材料的价差。材料价差的发生，要区别供料方式。供料方式不同，其处理方法也不同。由建设单位供料，按承包商的投标价格向施工单位结算，价格差异则发生在建设单位，由建设单位负责核算。施工单位实行包料，按施工图预算包干的，价格差异发生在施工单位，由施工单位材料部门进行核算。所发生的材料价格差异按合同的规定记入成本。

2.7.3 材料核算的内容

1. 材料采购成本的核算

材料采购成本核算，是指以材料采购预算成本为基础，与实际采购成本相比较，核算其成本降低或超耗程度。

(1) 材料采购实际成本（价格）。材料采购实际成本是材料在采购和保管过程中所发生的各项费用的总和。它由材料原价、供销部门手续费、包装费、运杂费、采购保管五方面因素构成。组成实际价格的五个内容，其中任何一方面的变动，都会直接影响到材料实际成本的高低。在材料采购及保管过程中应力求节约，降低材料采购成本是材料采购管理的重要环节。

市场供应的材料，由于货源来自各地，产品成本不一样，运输距离不等，质量情况参差不齐，为此在材料采购或加工订货时，要注意材料实际成本的核算，采购材料时应作各种比较，即：同样的材料比质量；同样的质量比价格；同样的价格比运距；最后核算材料成本。尤其是地方大宗材料的价格组成，运费占主要成分，尽量做到就地取材，减少运输及管理费用。

材料价格通常按实际成本计算，具体方法有"先进先出法"和"加权平均法"两种。

1）先进先出法。是指同一种材料每批进货的实际成本如各不相同时，按各批不同的数量及价格分别记入账册。在发生领用时，以先购入的材料数量及价格先计价核算工程成本，按先后程序依此类推。

2）加权平均法。是指同一种材料在发生不同实际成本时，按加权平均法求得平均单价，当下一批进货时，又以余额（数量及价格）与新购入的材料的数量、价格作新的加权平均计算，得出平均价格。

(2) 材料预算价格。材料预算价格包括从材料来源地起，到达施工现场的工地仓库或材料堆放场地为止的全部价格，由下列五项费用组成：材料原价、供销部门手续费、包装费、运杂费、采购及保管费。计算公式见下式。

材料预算价格＝(材料原价＋供销部门手续费＋包装费＋运杂费)×
(1＋采购及保管费率－包装品回收值)

1）材料原价的确定原则和计算。单渠道货源的材料，按各供应单位的出厂价或批发价确定。多渠道货源的材料，按各供应单位的出厂价或批发价，采用加权平均法计算确定。

2）供销部门手续费的计算。凡通过物资供销部门供应的材料，都要按规定的费率计算供销部门手续费。如果供销部门已将此项手续费包括在材料原价内时，不再重复计算此项费用。

3）材料包装费的计算。包装费是为了便于材料的运输或为保护材料而进行包装所需要的费用，包括水运、陆运中的支撑、篷布等。如由生产厂负责包装，其费用已计入材料原价内的，则不再另行计算，但应扣回包装的回收价值。

包装器材的回收价值，按地区主管部门规定计算，如无规定，可参照下列比率结合地区实际情况确定：

① 木制品包装者，回收量率为70％，回收值按包装材料原价20％计算。

② 用薄钢板、钢丝制品包装的回收量率，铁桶为95％；薄钢板为50％；钢丝为20％。回收值按包装本材料原价的50％计算。

③ 用纸板、纤维品包装的，回收量率为50％，回收值按包装材料原价的50％计算。

④ 用草绳、草袋制品包装的，不计回收值。

包装材料回收值计算见下式：

包装品回收值＝包装品(材料)原价×回收量(％)×回收值(％)

4）材料运杂费用的计算和确定。

材料的运杂费应按所选定的材料来源地，运输工具、运输方式、运输里程以及厂家交通运输部门规定的运价费用率标准进行计算。

材料运杂费包括以下内容：

① 产地到车站、码头的短途运输费。

② 火车、船舶的长途运输。
③ 调车及驳船费。
④ 多次装卸费。
⑤ 有关部门附加费。
⑥ 合理的运输损耗。

编制材料预算价格时，材料来源地的确定，应贯彻就地、就近取材的原则。根据物资合理分配条件及历年物资分配情况确定。材料的运输费用也根据各地区制定的运价标准，采用加权平均法计算。确定工程用大宗材料，如钢材、木材、水泥、石灰、砂石等一般应按整车计算运费，适当考虑一部分零担和汽车长途运输。整车与零担比例，要结合资源分布、运输条件和供应情况研究确定。

5）采购及保管费的计算。材料采购及保管费，指各级材料部门（包括工地仓库）在组织采购、供应和保管材料过程中所需的各项费用。材料采购及保管费计算公式见下式：

采购及保管费＝（材料原价＋供销部门手续费＋运输费）×采购及保管费率

规定的综合采购保管费率为2.5%。

（3）材料采购成本的考核。

材料采购成本可以从实物量和价值量两方面进行考核。单项品种的材料在考核材料采购成本时，可以从实物量形态考核其数量上的差异。企业实际进行采购成本考核，往往是分类或按品种综合考核价值上的"节"与"超"。通常有如下两项考核指标。

1）材料采购成本降低（或超耗）额

材料采购成本降低（或超耗）额＝材料采购预算成本-材料采购实际成本

式中，材料采购预算成本是按预算价格事先计算的计划成本支出；材料采购实际成本是按实际价格事后计算的实际成本支出。

2）材料采购成本降低（或超耗）率

$$材料采购成本降低（或超耗）额\% = \frac{材料采购成本降低（或超耗）额}{材料采购预算成本} \times 100\%$$

2. 材料消耗量核算

现场材料使用过程的管理，主要是按单位工程定额供应和班组耗用材料的限额领用进行管理。前者是按预算定额对在建工程实行定额供应材料；后者是在分部分项工程中以施工定额对施工队伍限额领料。施工队伍实行限额领料，是材料管理工作的落脚点，是经济核算、考核企业经营成果的依据。

检查材料消耗情况，主要是用材料的实际消耗量与定额消耗量进行对比，反映材料节约或浪费情况。由于材料的使用情况不同，因而考核材料的节约或浪费的方法也不相同，分述如下：

（1）核算某项工程某种材料的定额与实际消耗情况。计算公式见下式：

某种材料节约（或超耗）量＝某种材料实际耗用量－该项材料定额耗用量

式中计算结果为负数时，则表示节约；反之，则表示超耗。

某种材料节约（或超耗）率见下式：

$$某种材料节约（或超耗）率 = \frac{材料节约（或超耗）量}{材料定额耗用量} \times 100\%$$

同样,式中负百分数表示节约率;正百分数表示超耗率。

(2) 核算多项工程某种材料消耗情况。节约或超支的计算式同上式。某种材料的计算耗用量,即定额要求完成一定数量建筑安装工程所需消耗的材料数量的计算式见下式:

$$某种材料定额耗用量=\Sigma(材料消耗定额 \times 实际完成的工程量)$$

(3) 核算一项工程使用多种材料的消耗情况。建筑材料有时由于使用价值不同,计量单位各异,不能直接相加进行考核。因此,需要利用材料价格作为同度量因素,用消耗量乘材料价格,然后加总对比。计算公式见下式:

$$材料节约(-)或超支(+)额=\Sigma 材料价格 \times (材料实耗量-材料定额消耗量)$$

(4) 检查多项分项工程使用多种材料的消耗情况。这类考核检查,适用以单位工程为单位的材料消耗情况,它既可了解分项工程以及各单位材料定额的执行情况,又可综合分析全部工程项目耗用材料的效益情况。

3. 材料供应核算

材料供应计算是组织材料供应的依据。它是根据施工生产进度计划、材料消耗定额等编制的。施工生产进度计划确定了一定时期内应完成的工程量,而材料供应量是根据工程量乘以材料消耗定额,并考虑库存、合理储备、综合利用等因素,经平衡后确定的。按质、按量、按时配套供应各种材料,是保证施工生产正常进行的基本条件之一。检查考核材料供应计划的执行情况,主要是检查材料的收入执行情况,它反映了材料对生产的保证程度。

检查材料收入的执行情况,就是将一定时期(旬、月、季、年)内的材料实际收入量与计划收入量作对比,以反映计划完成情况。一般情况下,从以下两个方面进行考核:

(1) 检查材料收入量是否充足。

这是考核各种材料在某一时期内的收入总量是否完成了计划,检查在收入数量上是否满足了施工生产的需要。其计算公式见下式:

$$材料供应计划完成率=\frac{实际收入量}{计划收入量} \times 100\%$$

检查材料收入量是保证生产完成所必需的数量,是保证施工生产顺利进行的一项重要条件。如收入量不充分,如某工程黄砂的收入量仅完成计划收入量的85%,这就造成一定程度的材料供应数量不足,影响施工正常进行。

(2) 检查材料供应的及时性。

在检查考核材料收入总量计划的执行情况时,还会遇到收入总量的计划完成情况较好,但实际上施工现场却发生停工待料的现象,这是因为在供应工作中还存在收入时间是否及时的问题。也就是说,即使收入总量充分,但供应时间不及时,也同样会影响施工生产的正常进行。

分析考核材料供应及时性问题时,需要把时间、数量、平均每天需用量和期初库存等资料联系起来考查,见下式。

$$供应及时性率=\frac{实际供货对生产建设具有保证的天数}{实际工作天数} \times 100\%$$

4. 周转材料核算

由于周转材料可多次反复使用于施工过程,因此其价值的转移方式不同于材料的一次性转移，而是分多次转移，通常称为摊销。周转材料的核算以价值量核算为主要内容，核算周转材料的费用收入与支出的差异和摊销。

(1) 费用收入。

周转材料的费用收入是以施工图为基础，以预算定额为标准随工程款结算而取得的资金收入。

(2) 费用支出。

周转材料的费用支出是根据施工工程的实际投入量计算的。在对周转材料实行租赁的企业，费用支出表现为实际支付的租赁费用；在不实行租赁制度的企业，费用支出表现为按照规定的摊销率所提取的摊销额。

(3) 费用摊销

1) 一次摊销法。一次摊销法是指一经使用，其价值即全部转入工程成本的摊销方法。它适用于与主件配套使用并独立计价的零配件等。

2) "五五"摊销法。是指投入使用时，先将其价值的一半摊入工程成本，待报废后再将另一半价值摊入工程成本的摊销方法。它适用于价值偏高，不宜一次摊销的周转材料。

3) 期限摊销法。期限摊销法是根据使用期限和单价来确定摊销额度的摊销方法。它适用于价值较高、使用期限较长的周转材料。计算步骤如下：

① 分别计算各种周转材料的月摊销额；

② 计算各种周转材料月摊销率；

③ 计算月度总摊销额。

5. 材料储备核算

为了防止材料积压或储备不足，保证生产需要，加速资金周转，企业必须经常检查材料储备定额的执行情况，分析材料库存情况。

检查材料储备定额的执行情况，是将实际储备材料数量（金额）与储备定额数量（金额）相对比，当实际储备数量超过最高储备定额数量时，说明材料有超储积压；当实际储备数量低于最低储备定额数量时，说明企业材料储备不足，需要动用保险储备。

(1) 储备实物量的核算。

实物量储备的核算是对实物周转速度的核算，主要核算材料对生产的保证天数、在规定期限内的周转次数和周转1次所需天数。其计算公式见以下三式。

$$材料储备对生产的保证天数 = \frac{期末库存量}{每日平均消耗材料量}$$

$$材料周转次数 = \frac{某种材料的年消耗量}{平均库存}$$

$$材料周转天数 = \frac{平均库存 \times 日历天}{年度材料耗用量}$$

(2) 储备价格量的核算。

价格形态的检查考核，是把实物数量乘以材料单价用货币作为单位进行综合计算。其好处是能将不同质、不同价格的各类材料进行最大限度地综合，它的计算方法除上述的有关周转速度方面（周转次、周转天）的核算方法均适用外，还可以从百元产值占用材料储备资金情况及节约使用材料资金方面进行计算考核。其计算式见下式：

$$百元产值占用材料储备资金 = \frac{材料储备资金的平均数}{年度建安工作量} \times 100\%$$

$$资金节约使用额 = (计划周转天数 - 实际周转天数) \times \frac{年度材料耗用总额}{360}$$

6. 工具费核算

(1) 费用收入与支出。

在施工生产中,工具费的收入是按照框架结构、排架结构、升板结构、全装配结构等不同结构类型,以及旅游宾馆等大型公共建筑分不同檐高(20m以上和以下),以每平方米建筑面积计取。一般情况下,生产工具费用约占工程直接费的2%左右。

工具费的支出包括购置费、租赁费、摊销费、维修费以及个人工具的补贴费等项目。

(2) 工具的账务。施工企业的工具财务管理和实物管理相对应,工具账分为由财务部门建立的财务账和由料具部门建立的业务账。

1) 财务账,分为以下三种:

① 总账(一级账):以货币单位反映工具资金来源和资金占用的总体规模。资金来源是购置、加工制作、从其他企业调入、向租赁单位租用的工具价值总额。

资金占用是企业在库和在用的全部工具价值余额。

② 分类账(二级账):是在总账之下,按工具类别所设置的账户,用于反映工具的摊销和余值状况。

③ 分类明细账(三级账):是针对二级账户的核算内容和实际需要,按工具品种而分别设置的账户。

在实际工作中,上述三种账户要平行登记,做到各类费用对口衔接。

2) 业务账。分为以下四种:

① 总数量账:用以反映企业或单位的工具数量总规模,可以在一本账簿中分门别类地登记,也可以按工具的类别分设几个账簿进行登记。

② 新品账:亦称在库账,用以反映未投入使用的工具的数量,是总数量账的隶属账。

③ 旧品账:亦称在用账,用以反映已经投入使用的工具的数量,是总数量账的隶属账。

当因施工需要使用新品时,按实际领用数量冲减新品账,同时记入旧品账,某种工具在总数量账上的数额,应等于该种工具在新品账和旧品账的数额之和。当旧品完全损耗,按实际消耗冲减旧品账。

④ 在用分户账:用以反映在用工具的动态和分布情况。是旧品账的隶属账。某种工具在旧品账上的数量,应等于各在用分户账上的数量之和。

(3) 工具费用的摊销方法。

与周转材料费用的报销方法相同。

3 建筑钢结构用钢材的基本知识

钢的种类繁多，按照 GB/T 13301.1—2008、GB/T 13304.2—2008 规定，非合金钢按主要质量等级可分为：普通质量非合金钢、优质非合金钢、特殊质量非合金钢。普通质量低合金钢是指不规定生产过程中需要特别控制质量要求的，供作一般用途的低合金钢。优质非合金钢是指在生产过程中需要特别控制质量（例如控制晶粒度，降低硫、磷含量，改善表面质量或增加工艺控制等），以达到比普通质量非合金钢特殊的质量要求（例如良好的抗脆断性能，良好的冷成型性等），但这种钢的生产控制不如特殊质量非合金钢严格（如不控制淬透性）。特殊质量非合金钢是指在生产过程中需要特别控制质量和性能（例如控制淬透性、纯洁度）的非合金钢。

非合金钢的分类举例见表 3-1。

非合金钢的主要分类及举例　　　　　　　表 3-1

按主要 特性分类	按主要质量等级分类		
	1	2	3
	普通质量非合金钢	优质非合金钢	特殊质量非合金钢
以规定最高强度为主要特性的非合金钢	普通质量低碳结构钢板和钢带，如 GB912 中的 Q195 牌号	a) 冲压薄板低碳钢，如 GB/T 5213 中的 DC01 b) 供镀锡、镀锌、镀铅板带和原板用碳素钢，如 GB/T 2518、GB/T 2520、YB/T 5364 全部碳素钢牌号 c) 不经热处理的冷顶锻和冷挤压用钢，如 GB/T 6478 中表 1 的牌号	
以规定最低强度为主要特性的非合金钢	a) 碳素结构钢，如 GB/T 700 中的 Q215 中 A、B 级，Q235 的 A、B 级，Q275 的 A、B 级 b) 碳素钢筋钢，如 GB 1499.1 的 HPB235、HPB300 c) 一般工程用不进行热处理的普通质量碳素钢，如 GB/T 14292 中的所有普通质量碳素钢	a) 碳素结构钢，如 GB/T 700 中除普通质量 A、B 级钢以外的所有牌号及 A、B 级规定冷成型性及模锻性特殊要求者 b) 优质碳素结构钢，如 GB/T 699 中除 65Mn、70Mn、70、75、80、85 以外的所有牌号 c) 工程结构用铸造碳素钢，如 GB 11352 中的 ZG200-400、ZG230-450、ZG270-500、ZG310-570、ZG340-640，GB 7659 中的 ZG200-400H、ZG230-450H、ZG275-485H	a) 优质碳素结构钢，如 GB/T 699 中的 65Mn、70、75、80、85 钢 b) 保证淬透性钢，如 GB/T 5216 中的 45H c) 保证厚度方向性能钢，如 GB/T 5313 中的所有非合金钢，如 GB/T 19879 中的 Q235CJ
以含碳量为主要特性的非合金钢	a) 普通碳素钢盘条，如 GB/T 701 中的所有牌号（C 级钢除外），YB/T 170.2 中的所有牌号（C4D、C7D 除外） b) 一般用途低碳钢丝，如 YB/T 5294 中的所有碳素钢牌号 c) 热轧花纹钢板及钢带，如 YB/T 4159 中的普通质量碳素结构钢	a) 焊条用钢（不包括成品分析 S、P 不大于 0.025 的钢），如 GB/T 14957 中的 H08A、H08MnA、H15A、H15Mn，GB/T 3429 中的 H08A、H08MnA、H15A、H15Mn b) 冷镦钢，如 YB/T 4155 中的 BL1、BL2、BL3，GB/T 5953 中的 ML10~ML45，YB/T 5144 中的 ML15 ML20，GB/T 6478 中的 ML08Mn、ML22Mn、ML25~ML45、ML15Mn~ML35Mn c) 花纹钢板，如 YB/T 4159 优质非合金钢 d) 盘条钢，如 GB/T 4354 中的 25~65、40Mn~60Mn e) 非合金调制钢（特殊质量钢除外） f) 非合金表面硬化钢（特殊质量钢除外）	a) 焊条用钢（成品分析 S、P 不大于 0.025 的钢），如 GB/T 14957 中的 H08E、H08C，GB/T 3429 中的 H04E、H08E、H08C b) 碳素弹簧钢，如 GB/T 1222 中的 65~85、65Mn，GB/T 4357 中的所有非合金钢

续表

按主要特性分类	按主要质量等级分类		
	1	2	3
	普通质量非合金钢	优质非合金钢	特殊质量非合金钢
可焊接合金高强度结构钢	一般用途低合金结构钢,如 GB/T 1591 中的 Q295、Q345 牌号的 A 级钢	a)一般用途低合金缴构钢,如 GB/T 1591 中的 Q295B、Q345(A级钢以外)和 Q390(E级钢以外) b)锅炉和压力容器用低合金钢,如 GB713 除 Q245 以外的所有牌号,GB6653 中除 HP235、HP265 以外的所有牌号,GB6479 中的 16Mn、15MnV c)桥梁用低合金钢,如 GB/T 714 中除 Q235q 以外的钢	a)一般用途低合金结构钢,如 GB/T 1591 中的 Q390E、Q345E、Q420 和 Q460 b)压力容器用低合金钢,如 GB/T 191B9 中 0,12MnNiVR,GB3531 中的所有牌号 c)保证厚度方向性能低合金钢,如 GB/T 19879 中除 Q235GJ 以外的所有牌号,GB/T 5313 中所有低合金牌号
低合金耐候钢		低合金耐候性钢,如 GB/T 4171 中所有牌号	

3.1 建筑钢结构用钢材的分类和性质

3.1.1 碳素结构钢的分类和形式

GB/T 700—2006 中,碳素结构钢的牌号共分四种,即 Q195、Q215、Q235 和 Q275。其中 Q235 钢是《钢结构设计规范》推荐采用的钢材,它的质量等级分为 A、B、C、D 四级,统一数字代号为 U12352、U12355、U12358、U12359。各牌号碳素结构钢的化学成分和机械性能相应有所不同(见表 3-2~表 3-4)。另外,A、B 级钢分沸腾钢、半镇静钢和镇静钢,而 C 级钢全为镇静钢,D 级钢则全为特殊镇静钢。在机械性能中,A 级钢保证 f_u、f_y 和 δ_5 三项指标,不要求冲击韧性,冷弯试验也只在需方有要求时才进行,而 B、C、D 级钢均保证 f_u、f_y、δ_5、冷弯试验和冲击韧性(温度分别为:B 级 20℃、C 级 0℃、D 级 −20℃)。

碳素结构钢的化学成分　　　　表 3-2

牌号	统一数字代号①	等级	厚度(或直径)/mm	脱氧方法	化学成分(质量分数,%) ≤				
					C	Si	Mn	P	S
Q195	U11952	—	—	F、Z	0.12	0.30	0.05	0.035	0.040
Q215	U12152	A	—	F、Z	0.15	0.35	1.20	0.045	0.050
	U12155	B							0.045
Q235	U12352	A		F、Z	0.22	0.35	1.40	0.045	0.050
	U12355	B			0.20②				0.045
	U12358	C		Z	0.17			0.040	0.040
	U12359	D		TZ				0.035	0.035

续表

牌号	统一数字代号①	等级	厚度(或直径)/mm	脱氧方法	化学成分(质量分数,%) ≤				
					C	Si	Mn	P	S
Q275	U12752	A	—	F、Z	0.24	0.35	1.50	0.045	0.050
	U12755	B	≤40	Z	0.21			0.045	0.045
			>40		0.22				
	U12758	C	—	Z	0.20			0.040	0.040
	U12759	D		TZ				0.035	0.035

① 表中为镇静钢、特殊镇静钢牌号的统一数字,沸腾钢牌号的统一数位代号如下:
Q195F—U11950;
Q215AF—U12150,Q215BF—U12153;
Q235AF—U12350,Q235BF—U12353;
Q275AF—U12750。
② 经需方同意,Q235B碳含量(质量)可不大于0.22%。

碳素结构钢的冷弯实验   表 3-3

牌号	试样方向	冷弯实验,B=2a①,180°	
		钢材厚度(直径)②(mm)	
		≤60	60~100
		弯心直径 d	
Q195	纵向	0	—
	横向	0.5a	
Q215	纵向	0.5a	1.5a
	横向	a	2a
Q235	纵向	a	2a
	横向	1.5a	2.5a
Q275	纵向	1.5a	2.5a
	横向	2a	3a

① B 为试样宽度,a 为试样厚度(或直径)。
② 钢材厚度(或直径)大于 100mm 时,弯曲试验由双方协商确定。

碳素结构钢的拉伸、冲击性能   表 3-4

牌号	等级	屈服强度① R_{eH} (N/mm²) ≥						抗拉强度② R_m (N/mm²)	断后伸长率 A(%) ≥					冲击试验(V形缺口)	
		厚度(或直径)(mm)							厚度(或直径)(mm)					温度(℃)	冲击吸收功(纵向)(J) ≥
		≤16	16~40	40~60	60~100	100~150	150~200		≤40	40~60	60~100	100~150	150~200		
Q195	—	195	185	—	—	—	—	315~430	33	—	—	—	—	—	—
Q215	A	215	205	195	185	175	165	335~450	31	30	29	27	26	—	—
	B													+20	27
Q235	A	235	225	215	215	195	185	370~500	26	25	24	22	21	—	—
	B													+20	27③
	C													0	
	D													−20	

续表

牌号	等级	屈服强度①R_{eH}(N/mm²) ≥						抗拉强度②R_m (N/mm²)	断后伸长率 A(%) ≥					冲击试验(V形缺口)	
		厚度(或直径)(mm)							厚度(或直径)(mm)					温度(℃)	冲击吸收功(纵向)(J) ≥
		≤16	16～40	40～60	60～100	100～150	150～200		≤40	40～60	60～100	100～150	150～200		
Q275	A	275	265	255	245	225	215	410～540	22	21	20	18	17	—	27
	B													+20	
	C													0	
	D													−20	

① Q195的屈服强度值仅供参考,不作为交货条件。
② 厚度大于100mm的钢材,抗拉强度下限允许降低20N/mm²。宽带钢(包括剪切钢板)抗拉强度上限不作交货条件。
③ 厚度小于25mm的Q235B级钢材,如供方能保证冲击吸收功值合格,经需方同意,可不做检验。

3.1.2 低合金高强度结构钢的分类和性质

普通低合金钢共有17个牌号,它是在普通碳素钢的基础上添加少量的合金元素。以提高其强度、耐腐蚀性等,在低温下有较好的冲击韧性。结构中采用低合金钢,可减轻结构自重,延长使用寿命。16Mn钢、16Mnq钢已在工程中应用多年,15MnV钢、15MnVq钢工程应用效果均较好。因此推荐纳入规范。

(1) 化学成分。GB/T 1591—2008各牌号低合金高强度结构钢的化学成分(熔炼分析)应符合表3-5的规定。

低合金高强度结构钢的化学成分(熔炼分析)表　　　　表 3-5

牌号	质量等级	化学成分[a,b](质量分数)(%)													
		C	Si	Mn	P	S	Nb	V	Tl	Cr	Ni	Cu	N	Mo	B	Al
					不大于											不小于
Q345	A	≤0.20	≤0.50	≤1.70	0.035	0.035	0.07	0.15	0.20	0.30	0.50	0.30	0.012	0.10	—	—
	B				0.035	0.035										
	C				0.030	0.030										0.015
	D	≤0.18			0.030	0.025										
	E				0.025	0.020										
Q390	A	≤0.20	≤0.50	≤1.70	0.035	0.035	0.07	0.20	0.20	0.30	0.50	0.30	0.015	0.10	—	—
	B				0.035	0.035										
	C				0.030	0.030										0.015
	D				0.030	0.025										
	E				0.025	0.020										
Q420	A	≤0.20	≤0.50	≤1.70	0.035	0.035	0.07	0.20	0.20	0.30	0.80	0.30	0.015	0.20	—	—
	B				0.035	0.035										
	C				0.030	0.030										0.015
	D				0.030	0.025										
	E				0.025	0.020										

续表

牌号	质量等级	化学成分 a,b（质量分数）(%)													
		C	Si	Mn	P	S	Nb	V	Ti	Cr	Ni	Cu	N	Mo	B	Al
							不大于									不小于
Q460	C	≤0.20	≤0.60	≤1.80	0.030	0.030	0.11	0.20	0.20	0.30	0.80	0.55	0.015	0.20	0.004	0.015
	D				0.030	0.025										
	E				0.025	0.020										
Q500	C	≤0.18	≤0.60	≤1.80	0.030	0.030	0.11	0.12	0.20	0.60	0.80	0.55	0.015	0.20	0.004	0.015
	D				0.030	0.025										
	E				0.025	0.020										
Q550	C	≤0.18	≤0.60	≤2.00	0.030	0.030	0.11	0.12	0.20	0.60	0.80	0.55	0.015	0.20	0.004	0.015
	D				0.030	0.025										
	E				0.025	0.020										
Q620	C	≤0.18	≤0.60	≤2.00	0.030	0.030	0.11	0.12	0.20	1.00	0.80	0.55	0.015	0.30	0.004	0.015
	D				0.030	0.025										
	E				0.025	0.020										
Q690	C	≤0.18	≤0.60	≤1.80	0.030	0.030	0.11	0.12	0.20	1.00	0.80	0.55	0.015	0.30	0.004	0.015
	D				0.030	0.025										
	E				0.025	0.020										

a 型材及棒材P、S含量可提高0.005%，其中A级钢上限可为0.045%。
b 当细化晶粒元素组合加入时，20(Nb+V+Ti)≤0.22%，20(Mo+Cr)≤0.30%。

（2）低合金高强度结构钢的机械性能（强度、冲击韧性、冷弯等）应符合表3-6～表3-8的规定。

（3）合金高强度结构钢的特性及应用。

由于合金元素具有细晶强化作用和固深强化作用，使低合金高强度结构钢与碳素结构钢相比，既具有较高的强度，同时又有良好的塑性、低温冲击韧性、焊接性能和耐蚀性等特点，是一种综合性能良好的建筑钢材。

Q345级钢是钢结构的常用牌号，Q390也是推荐使用的牌号。与碳素结构钢Q235相比，低合金高强度结构钢Q345的强度更高，等强度代换时可以节省钢材15%～25%，并减轻结构自重。另外，Q345具有良好的承受动荷载能力和耐疲劳性。低合金高强度结构钢广泛应用于钢结构和钢筋混凝土结构中，特别是大型结构、重型结构、大跨度结构、高层建筑、桥梁工程、承受动荷载和冲击荷载的结构。

3.1.3 耐大气腐蚀用钢（耐候钢）

耐候钢和高耐候钢是抗大气腐蚀用的低合金高强度结构钢，按 GB/T 221—2008《钢铁产品牌号表示方法》中的规定，其牌号表示方法与低合金高强度结构钢相同，但在牌号尾加"耐候"、"高耐候"二字的汉语拼音字母"NH"、"GNH"，如 Q340NH。

3.1.4 桥梁用结构钢

桥梁用结构钢由转炉或电炉冶炼。桥梁钢的牌号由代表屈服点的汉语拼音字母、屈服点数值、桥梁钢的汉语拼音字母、质量等级符号4个部分组成。

表 3-6

低合金高强度结构钢的机械性能

牌号	质量等级	拉伸试验[a,b,c] 以下公称厚度(直径,边长)下屈服强度(R_{eL})(MPa)								以下公称厚度(直径,边长)抗拉强度(R_m)(MPa)							断后拉伸率(A)(%) 公称厚度(直径,边长)					
		≤16mm	>16~40mm	>40~63mm	>63~80mm	>80~100mm	>100~150mm	>150~200mm	>200~250mm	>250~400mm	≤40mm	>40~63mm	>63~80mm	>80~100mm	>100~150mm	>150~250mm	>250~400mm	≤16mm	>40~63mm	>63~100mm	>100~150mm	>150~250mm	>250~400mm
Q345	A																	≥20	≥19	≥19	≥18	≥17	
	B									—							—						—
	C	≥345	≥335	≥325	≥315	≥305	≥285	≥275	≥265		470~630	470~630	470~630	470~630	450~600	450~600							
	D									≥265							450~600	≥21	≥20	≥20	≥19	≥18	≥17
	E																						
Q390	A																						
	B																						
	C	≥390	≥370	≥350	≥330	≥330	≥310	—	—	—	490~650	490~650	490~650	490~650	470~620	—	—	≥20	≥19	≥19	≥18	—	—
	D																						
	E																						
Q420	A																						
	B																						
	C	≥420	≥400	≥380	≥360	≥360	≥340	—	—	—	520~680	520~680	520~680	520~680	500~650	—	—	≥19	≥18	≥18	≥18	—	—
	D																						
	E																						
Q460	C																						
	D	≥460	≥440	≥420	≥400	≥400	≥380	—	—	—	550~720	550~720	550~720	550~720	530~700	—	—	≥17	≥16	≥16	≥16	—	—
	E																						

续表

牌号	质量等级	拉伸试验[a,b,c]															
		以下公称厚度（直径，边长）下屈服强度（R_{eL}）(MPa)								以下公称厚度（直径，边长）抗拉强度（R_m）(MPa)					断后拉伸率(A)(%)			
															公称厚度（直径，边长）			
		≤16mm	>16~40mm	>40~63mm	>63~80mm	>80~100mm	>100~150mm	>150~200mm	>200~250mm	>250~400mm	≤40mm	>40~63mm	>63~80mm	>80~100mm	>100~150mm	>150~250mm	>250~400mm	≤16mm	>16~40mm	>40~63mm	>63~100mm	>100~150mm	>150~250mm	>250~400mm
Q500	C	≥500	≥480	≥470	≥450	≥440	—	—	—	—	610~770	600~760	590~750	540~730	—	—	—	≥17	≥17	≥17	≥17	—	—	—
	D																							
	E																							
Q550	C	≥550	≥530	≥520	≥500	≥490	—	—	—	—	670~830	620~810	600~790	590~780	—	—	—	≥16	≥16	≥16	≥16	—	—	—
	D																							
	E																							
Q620	C	≥620	≥600	≥590	≥570	—	—	—	—	—	710~880	690~880	670~860	—	—	—	—	≥15	≥15	≥15	—	—	—	—
	D																							
	E																							
Q690	C	≥690	≥670	≥660	≥640	—	—	—	—	—	770~940	750~920	730~900	—	—	—	—	≥14	≥14	≥14	—	—	—	—
	D																							
	E																							

[a] 当屈服不明显时，可测量 $R_{p0.2}$ 代替下屈服强度。
[b] 宽度不小于 600mm 扁平材，拉伸试验取横向试样；宽度小于 600mm 的扁平材、型材及棒材取纵向试样，断后伸长率最小值相应提高 1%（绝对值）。
[c] 厚度>250~400mm 的数值适用于扁平材。

夏比（V型）冲击试验的试验温度和冲击吸收能量　　　　　　　　　　　表 3-7

牌号	质量等级	试验温度(℃)	冲击吸收能量$(KV_2)^a$/(J)		
			公称厚度（直径、边长）		
			12～150mm	>150～250mm	>250～400mm
Q345	B	20	≥34	≥27	—
	C	0			
	D	−20			27
	E	−40			
Q390	B	20	≥34	—	—
	C	0			
	D	−20			
	E	−40			
Q420	B	20	≥34	—	—
	C	0			
	D	−20			
	E	−40			
Q460	C	0	≥34	—	—
	D	−20			
	E	−40			
Q500、Q550 Q620、Q690	C	0	≥55	—	—
	D	−20	≥47		
	E	−40	≥31		

a 冲击试验取纵向试样。

弯曲试验　　　　　　　　　　　表 3-8

牌号	试样方向	180°弯曲试验 [d=弯心直径，a=试样厚度（直径）]	
		钢材厚度（直径、边长）	
		≤16mm	>16～100mm
Q345 Q390 Q420 Q460	宽度不小于 600mm 扁平材，拉伸试验取横向试样。宽度小于 600mm 的扁平材、型材及棒材取纵向试样	2a	3a

例如：Q345QC

其中，Q——桥梁钢屈服点的"屈"字汉语拼音的首位字母；345——屈服点数值，单位：MPa；Q——桥梁钢的"桥"字汉语拼音的首位字母；C——质量等级为C级。

桥梁钢钢板的尺寸、外形、重量及允许偏差应符合 GB/T 709 及有关标准的规定。经供需双方协议，并在合同中注明，可供应其他尺寸、外形及允许偏差的桥梁钢。

3.1.5 其他建筑用钢材

1. 铸钢

用以浇注铸件的钢。铸造合金的一种。铸钢分为铸造碳钢、铸造低合金钢和铸造特种钢3类。

(1) 铸造碳钢。

以碳为主要合金元素并含有少量其他元素的铸钢。含碳量小于0.2%的为铸造低碳钢，含碳量0.2%～0.5%的为铸造中碳钢，含碳量大于0.5%的为铸造高碳钢。随着含碳量的增加，铸造碳钢的强度增大，硬度提高。铸造碳钢具有较高的强度、塑性和韧性，成本较低，在重型机械中用于制造承受大负荷的零件，如轧钢机机架、水压机底座等；在铁路车辆上用于制造受力大又承受冲击的零件，如摇枕、侧架、车轮和车钩等。

(2) 铸造低合金钢。

含有锰、铬、铜等合金元素的铸钢。合金元素总量一般小于5%，具有较大的冲击韧性，并能通过热处理获得更好的机械性能。铸造低合金钢比碳钢具有较优的使用性能，能减小零件质量，提高使用寿命。

(3) 铸造特种钢。

为适应特殊需要而炼制的合金铸钢，品种繁多，通常含有一种或多种的高量合金元素，以获得某种特殊性能。例如，含锰11%～14%的高锰钢能耐冲击磨损，多用于矿山机械、工程机械的耐磨零件；以铬或铬镍为主要合金元素的各种不锈钢，用于有腐蚀或650℃以上高温条件下工作的零件，如化工用阀体、泵、容器或大容量电站的汽轮机壳体等。

2. 高强钢

国内外尚无统一的定义和分类方法，一般采取按照强度划分和按照强化机理划分。

按强度划分可分为高强钢和超高强钢。①按抗拉强度划分：高强钢：$TS \geqslant 340$MPa（冷轧），$TS \geqslant 370$MPa（热轧及酸洗），超高强钢：$TS > 590$MPa；②按屈服强度划分：高强钢：$YS \geqslant 210$MPa，超高强钢：$YS > 550$MP。

3. 先进高强度钢

先进高强度钢，也称为高级高强度钢，其英文缩写为AHSS（Advanced High Strength Steel）。国际钢铁协会（ⅡSI）《先进高强钢应用指南》（第三版）中将高强钢分为传统高强钢（Conventional HSS）和先进高强钢（AHSS）。传统高强钢主要包括碳锰（C-Mn）钢、烘烤硬化（BH）钢、高强度无间隙原子（HSS-IF）钢和高强度低合金（HSLA）钢；AHSS主要包括双相（DP）钢、相变诱导塑性（TRIP）钢、马氏体（M）钢、复相（CP）钢、热成形（HF）钢和孪晶诱导塑性（TWIP）钢；AHSS的强度在500MPa到1500MPa之间，具有很好吸能性，在汽车轻量化和提高安全性方面起着非常重要的作用，已经广泛应用于汽车工业，主要应用于汽车结构件、安全件和加强件，如A、B、C柱、车门槛、前后保险杠、车门防撞梁、横梁、纵梁、座椅滑轨等零件；DP钢最早于1983年由瑞典SSAB钢板有限公司实现量产。

4. 不锈钢

不锈钢（Stainless Steel）指耐空气、蒸汽、水等弱腐蚀介质和酸、碱、盐等化学侵蚀性介质腐蚀的钢，又称为不锈耐酸钢。实际应用中，常将耐弱腐蚀介质腐蚀的钢称为不锈钢，而将耐化学介质腐蚀的钢称为耐酸钢。由于两者在化学成分上的差异，前者不一定耐化学介质腐蚀，而后者则一般均具有不锈性。不锈钢的耐蚀性取决于钢中所含的合金元素。

(1) 不锈钢化学成分

不锈钢的耐蚀性随含碳量的增加而降低,因此,大多数不锈钢的含碳量均较低,有些钢的 w_C 甚至低于 0.03%（如 00Cr12）。不锈钢中的主要合金元素是 Cr，只有当 Cr 含量达到一定值时，钢才有耐蚀性。因此，不锈钢一般 w_{Cr} 均在 13% 以上。不锈钢中还含有 Ni、Ti、Mn、N、Nb 等元素。

(2) 不锈钢种类

1) 不锈钢常按组织状态分为：马氏体钢、铁素体钢、奥氏体钢等。

2) 按成分分为：铬不锈钢、铬镍不锈钢和铬锰氮不锈钢等。

① 铁素体不锈钢：含铬 12%~30%。其耐蚀性、韧性和可焊性随含铬量的增加而提高，耐氯化物应力腐蚀性能优于其他种类不锈钢。属于这一类的有 Cr17、Cr17Mo2Ti、Cr25、Cr25Mo3Ti、Cr28 等。铁素体不锈钢因为含铬量高，耐腐蚀性能与抗氧化性能均比较好，但机械性能与工艺性能较差，多用于受力不大的耐酸结构及作抗氧化钢使用。这类钢能抵抗大气、硝酸及盐水溶液的腐蚀，并具有高温抗氧化性能好、热膨胀系数小等特点，用于硝酸及食品工厂设备，也可制作在高温下工作的零件，如燃气轮机零件等。

② 奥氏体不锈钢：含铬大于 18%，还含有 8% 左右的镍及少量钼、钛、氮等元素。综合性能好，可耐多种介质腐蚀。奥氏体不锈钢的常用牌号有 1Cr18Ni9、0Cr19Ni9 等。0Cr19Ni9 钢的 w_C<0.08%，钢号中标记为"0"。这类钢中含有大量的 Ni 和 Cr，使钢在室温下呈奥氏体状态。这类钢具有良好的塑性、韧性、焊接性和耐蚀性能，在氧化性和还原性介质中耐蚀性均较好，用来制作耐酸设备，如耐蚀容器及设备衬里、输送管道、耐硝酸的设备零件等。奥氏体不锈钢一般采用固溶处理，即将钢加热至 1050~1150℃，然后水冷，以获得单相奥氏体组织。

③ 奥氏体-铁素体双相不锈钢：兼有奥氏体和铁素体不锈钢的优点，并具有超塑性。奥氏体和铁素体组织各约占一半的不锈钢。在含碳（C）较低的情况下，Cr 含量在 18%~28%，Ni 含量在 3%~10%。有些钢还含有 Mo、Cu、Si、Nb、Ti、N 等合金元素。该类钢兼有奥氏体和铁素体不锈钢的特点，与铁素体相比，塑性、韧性更高，无室温脆性，耐晶间腐蚀性能和焊接性能均显著提高，同时还保持有铁素体不锈钢的 475℃ 脆性以及导热系数高，具有超塑性等特点。与奥氏体不锈钢相比，强度高且耐晶间腐蚀和耐氯化物应力腐蚀有明显提高。双相不锈钢具有优良的耐腐蚀性能，也是一种节镍不锈钢。

④ 马氏体不锈钢：强度高，但塑性和可焊性较差。马氏体不锈钢的常用牌号有 1Cr13、3Cr13 等，因含碳较高，故具有较高的强度、硬度和耐磨性，但耐蚀性稍差，用于力学性能要求较高、耐蚀性能要求一般的一些零件上，如弹簧、汽轮机叶片、水压机阀等。这类钢是在淬火、回火处理后使用的。

3.2 钢材的牌号和选用

3.2.1 钢材牌号表示方法

钢结构用钢的牌号，是采用国家标准《碳素结构钢》GB/T 700—2006 和《低合金高强度结构钢》GB/T 1591—2008 的表示方法。它由代表屈服强度的字母、屈服强度的数值、质量等级符号、脱氧方法符号四个部分按顺序组成。例如：Q235AF。

所采用的符号分别用下列字母表示：

Q——钢材屈服强度"屈"字汉语拼音首位字母；

A、B、C、D——分别为质量等级；

F——沸腾钢"沸"字汉语拼音首位字母；

Z——镇静钢"镇"字汉语拼音首位字母；

TZ——特殊镇静钢"特镇"两字汉语拼音首位字母。

在牌号组成表示方法中，"Z"与"TZ"符号予以省略。

根据上述牌号表示方法，如碳素结构钢的 Q235-AF 表示屈服点为 235N/mm²、质量等级为 A 级的沸腾钢；Q235-B 表示屈服点为 235N/mm²、质量等级为 B 级的镇静钢；低合金高强度结构钢的 Q345-C 表示屈服点为 345N/mm²、质量等级为 C 级的镇静钢；Q420-E 表示屈服点为 420N/mm²、质量等级为 E 级的特殊镇静钢（低合金高强度结构钢全为镇静钢或特殊镇静钢，故 F、b、Z 与 TZ 符号均省略）。

3.2.2 钢材的标记

钢材的标记代号见表 3-9，钢材的涂色标记见表 3-10。

钢材标记代号（GB/T 15575—2008） 表 3-9

序号	类别	标记代号	序号	类别	标记代号
1	加工方法	W	4	边缘状态：	E
	热加工	WH		(1)切边	EC
	热轧	WHR(或 AR)		(2)不切边	EM
	热扩	WHE		(3)磨边	ER
	热挤	WHEX	5	表面质量：	F
	热锻	WHF		(1)普通级	FA
	冷加工	WC		(2)较高级	FB
	冷轧	WCR		(3)高级	FC
	冷挤压	WCE	6	表面种类：	S
	冷拉（拔）	WCD		(1)酸洗（喷丸）	SA
2	截面形状和型号 用表示产品截面形状特征的英文字母作为标记代号。例如：圆钢—R，方钢—S，扁钢—F，六角形钢—HE，八角形钢—O，角钢—A，H 形钢—H，U 形钢—U，方形空心型钢——QHS。如果产品有型号（或规格），应在表示产品形状特征的标记代号后加上型号（或规格）。如 15×50 规格的 C 型钢的标记代号为 C15×50。			(2)剥皮	SF
				(3)光亮	SL
				(4)磨光	SP
				(5)抛光	SB
				(6)麻面	SG
				(7)发蓝	SBL
				(8)热镀锌	SZH
				(9)电镀锌	SZE
3	尺寸精度	P		(10)热镀锡	SSH
	(1)普通精度	PA		(11)电镀锡	SSE
	(2)较高精度	PB	7	表面化学处理：	ST
	(3)高级精度	PC		(1)钝化（铬酸）	STC
	(4)厚度较高精度	PT		(2)磷化	STP
	(5)宽度较高精度	PW		(3)锌合金化	STZ
	(6)厚度宽度较高精度	PTW			

续表

序号	类别	标记代号	序号	类别	标记代号
8	软化程度： (1)半软 (2)软 (3)特软	SS1/2Ss2	11	力学性能： (1)低强度 (2)普通强度 (3)较高强度 (4)高强度 (5)超高强度	M MA MB MC MD ME
9	硬化程度： (1)低冷硬 (2)半冷硬 (3)冷硬 (4)特硬	H H1/4 H1/2 H H2	12	冲压性能： (1)普通冲压 (2)深冲压 (3)超深冲压	Q CQ DQ DDQ
10	热处理： (1)退火 (2)球化退火 (3)光亮退火 (4)正火 (5)回火 (6)淬火+回火 (7)正火+回火 (8)固溶	T TA TG TL TN TT TQT TNT TS	13	用途： (1)一般用途 (2)重要用途 (3)特殊用途 (4)其他用途 (5)压力加工用 (6)切削加工用 (7)顶锻用 (8)热加工用 (9)冷加工用	U UG UM US UO UP UC UF UH UC

注：1. 本标准适用于钢丝、钢板、型钢、钢管等的标记代号。
2. 钢材标记代号采用与类别名称相应的英文名称首位字母（大写）和阿拉伯数字组合表示。

钢材的涂色标记 表 3-10

类别	牌号或组别	涂色标记	类别	牌号或组别	涂色标记
优质碳素结构钢	05～15	白色	合金结构钢	铬钼钢	绿色+紫色
	20～25	棕色+绿色		铬锰钼钢	绿色+白色
	30～40	白色+蓝色		铬钼钒钢	紫色+棕色
	45～85	白色+棕色		铬硅钼钒钢	紫色+棕色
	15Mn～40Mn	白色二条		铬铝钢	铝白色
	45Mn～70Mn	绿色三条		铬钼铝钢	黄色+紫色
合金结构钢	锰钢	黄色+蓝色		铬钨钒铝钢	黄色+红色
	硅锰钢	红色+黑色		硼钢	紫色+蓝色
	锰钒钢	蓝色+绿色		铬钼钨钒钢	紫色+黑色
	铬钢	绿色+黄色	高速工具钢	W12Cr4V4Mo	棕色一条+黄色一条
	铬硅钢	蓝色+红色		W18Cr4V	棕色一条+蓝色一条
	铬锰钢	蓝色+黑色		W9Cr4V2	棕色二条
	铬锰硅钢	红色+紫色		W9Cr4V	棕色一条
	铬钒钢	绿色+黑色	铬轴承钢	GCr6	绿色一条+白色一条
	铬锰钛钢	黄色+黑色		GCr9	白色一条+黄色一条
	铬钨钒钢	棕色+黑色		GCr9SiMn	绿色二条
	钼钢	紫色		GCr15	蓝色一条

续表

类别	牌号或组别	涂色标记	类别	牌号或组别	涂色标记
铬轴承钢	GCr15SiMn	绿色一条+蓝色一条	不锈耐酸钢	（铝色为宽条，余为窄色条）	
不锈耐酸钢	铬钢	铝色+黑色	耐热钢	铬硅钢	红色+白色
	铬钛钢	铝色+黄色		铬钼钢	红色+绿色
	铬锰钢	铝色+绿色		铬硅钼钢	红色+蓝色
	铬钼钢	铝色+白色		铬钢	铝色+黑色
	铬镍钢	铝色+红色		铬钼钒钢	铝色+紫色
	铬锰镍钢	铝色+棕色		铬镍钛钢	铝色+蓝色
	铬镍钛钢	铝色+蓝色		铬铝硅钢	红色+黑色
	铬镍铌钢	铝色+蓝色		铬硅钛钢	红色+黄色
	铬钼钛钢	铝色+白色+黄色		铬硅钼钢	红色+紫色
	铬钼钒钢	铝色+红色+黄色		铬硅钼钒钢	红色+紫色
	铬镍钼钛钢	铝色+紫色		铬铝钢	红色+铝色
	铬钼钒钴钢	铝色+紫色		铬镍钨钼钛钢	红色+棕色
	铬钼铜钛钢	铝色+蓝色+白色		铬镍钨钼钢	红色+棕色
	铬镍钼铜钛钢	铝色+黄色+绿色		铬镍钨钛钢	铝色+白色+红色
	铬镍钼铜铌钢	铝色+黄色+绿色			

注：前为宽色条，后为窄色条。

3.2.3 钢材的选用

正确选用钢材，是保证结构的安全使用和降低造价所必须做到的。钢材质量等级越高，钢材的价格也越高。因此应根据实际需要来选用合适的钢材质量等级。一般情况下，应根据结构的重要性（损坏带来后果的严重性）、荷载特征（静力荷载、动力荷载等）、结构形式、应力状态（拉应力或压应力）、连接方法（焊接或非焊接）、板件厚度和工作环境（低温等）等因素综合考虑，选用合适的钢材牌号和材料性质的要求。为了说明钢材的选用，应先了解规范中对钢材材性的要求。可归纳为下述四点：

（1）所有承重结构的钢材均应具有抗拉强度、伸长率、屈服强度和硫、磷含量的合格保证，对焊接结构尚应具有碳含量的合格保证。

（2）焊接承重结构以及重要的非焊接承重结构的钢材尚应具有冷弯试验的合格保证。

（3）对需验算疲劳的结构，不论其为焊接或非焊接，其钢材都应具有常温（即20℃）冲击韧性的合格保证。当结构的工作温度等于和低于0℃时，各牌号钢材应按要求满足不同低温的冲击韧性的合格保证。

（4）起重机起重量等于或大于50t的中级工作制起重机梁，对钢材冲击韧性的要求应与需要验算疲劳的构件相同。

上述四点是选用钢材牌号时必须满足的材性要求。要注意第（3）点规定需冲击韧性试验合格保证的条件是需验算疲劳。钢结构构件及其连接由于一般都存在微观裂纹，在多次加载和卸载作用下，裂纹逐渐扩展，在其强度还低于抗拉强度，甚至低于屈服点的情况下突然断裂，称为疲劳破坏。这是危害性很大的一种脆性破坏，必须避免。规范规定：直接承受动力荷载重复作用的钢结构构件及其连接，当应力变化的循环次数 n 等于或大于 10^5 次时应进行疲劳计算。冲击韧性是衡量钢材突然断裂时所吸收的功的指标，可用以间接反映钢材抵抗由于各种原因而引起脆断的能力。规范规定需验算疲劳的结构必须具有各种温度下的冲击韧性合格保证，原因即在于此。

3.3 常用钢材的化学成分和力学性能

3.3.1 碳素结构钢

1. 各种因素对钢材性能的影响

钢是由各种化学成分组成的，化学成分及其含量对钢的性能（特别是力学性能）有着重要的影响，铁（Fe）是钢材的基本元素，在碳素结构钢中约占99%，碳和其他元素仅占1%，但对钢材的力学性能却有着决定性的影响。其他元素包括硅（Si）、锰（Mn）、硫（S）、磷（P）、氮（N）、氧（O）等。低合金钢中还含有少量（低于5%）合金元素，如铜（Cu）、钒（V）、钛（Ti）、铌（Nb）、铬（Cr）等。

碳素结构钢中，碳含量直接影响钢材的强度、塑性、韧性和可焊性等。碳含量增加，强度提高，而塑性、韧性和疲劳强度下降，同时恶化钢的可焊性和抗腐蚀性。因此，对含碳量要加以限制，一般不应超过0.22%，在焊接结构中还应低于0.20%。

硫和磷是钢中的有害成分，它们降低钢材的塑性、韧性、可焊性和疲劳强度。在高温时，硫使钢变脆，称之热脆；在低温时，磷使钢变脆，称之冷脆。一般含量应不超过0.0045%。氧和氮都是钢中的有害杂质。氧的作用使钢热脆；氮的作用使钢冷脆。由于氧、氮容易在熔炼过程中逸出，一般不会超过极限含量，故通常不要求作含量分析。

普通碳素钢除含碳以外，还含有少量锰（Mn）、硅（Si）、硫（S）、磷（P）、氧（O）、氮（N）和氢（H）等元素。这些元素并非为改善钢材质量有意加入的，而是由矿石及冶炼过程中带入的，故称为杂质元素。这些杂质对钢性能是有一定影响，为了保证钢材的质量，在国家标准中对各类钢的化学成分都作了严格的规定。

(1) 硫。

硫来源于炼钢的矿石与燃料焦炭。它是钢中的一种有害元素。硫是以硫化铁（FeS）的形态存在于钢中，FeS 和 Fe 形成低熔点（985℃）化合物。而钢材的热加工温度一般在 1150~1200℃以上，所以当钢材热加工时，由于 FeS 化合物的过早熔化而导致工件开裂，这种现象称为"热脆"。含硫量越高，热脆现象越严重，故必须对钢中含硫量进行控制。高级优质钢：S<0.02%~0.03%；优质钢：S<0.03%~0.045%；普通钢：S<0.055%~0.7%以下。

(2) 磷。

磷是由矿石带入钢中的，一般来说，磷也是有害元素。磷虽能使钢材的强度、硬度增高，但引起塑性、冲击韧性显著降低。特别是在低温时，它使钢材显著变脆，这种现象称为冷脆。冷脆使钢材的冷加工及焊接性变坏，含磷愈高，冷脆性愈大，故钢中对含磷量控制较严。高级优质钢：P<0.025%；优质钢：P<0.04%；普通钢：P<0.085%。

(3) 锰。

锰是炼钢时作为脱氧剂加入钢中的。由于锰可以与硫形成高熔点（1600℃）的 MnS，一定程度上消除了硫的有害作用。锰具有很好的脱氧能力，能够与钢中的 FeO 成为 MnO 进入炉渣，从而改善钢的品质，特别是降低钢的脆性，提高钢的强度和硬度。因此，锰在钢中是一种有益元素。一般认为，钢中含锰量在 0.5%～0.8%以下时，把锰看成是常存杂质。技术条件中规定，优质碳素结构钢中，正常含锰量是 0.5%～0.8%；而较高含锰量的结构钢中，其量可达 0.7%～1.2%。

(4) 硅。

硅也是炼钢时作为脱氧剂而加入钢中的元素。硅与钢水中的 FeO 能结成密度较小的硅酸盐炉渣而被除去，因此硅是一种有益的元素。硅在钢中溶于铁素体内使钢的强度、硬度增加，塑性、韧性降低。镇静钢中的含硅量通常在 0.1%～0.37%，沸腾钢中只含有 0.03%～0.07%。由于钢中硅含量一般不超过 0.5%，对钢性能影响不大。

(5) 氧。

氧在钢中是有害元素。它是在炼钢过程中自然进入钢中的，尽管在炼钢末期要加入锰、硅、铁和铝进行脱氧，但不可能除尽。氧在钢中以 FeO、MnO、SiO_2、Al_2O_3 等夹杂形式，使钢的强度、塑性降低。尤其是对疲劳强度、冲击韧性等有严重影响。

(6) 氮。

铁素体溶解氮的能力很低。当钢中溶有过饱和的氮，在放置较长一段时间后或随后在 200～300℃加热就会发生氮以氮化物形式的析出，并使钢的硬度、强度提高，塑性下降，发生时效。钢液中加入 Al、Ti 或 V 进行固氮处理，使氮固定在 AlN、TiN 或 VN 中，可消除时效倾向。

(7) 氢。

钢中溶有氢会引起钢的氢脆、白点等缺陷。白点常在轧制的厚板、大锻件中发现，在纵断面中可看到圆形或椭圆形的白色斑点；在横断面上则是细长的发丝状裂纹。锻件中有了白点，使用时会发生突然断裂，造成不测事故。因此，化工容器用钢，不允许有白点存在。氢产生白点冷裂的主要原因是因为高温奥氏体冷至较低温时，氢在钢中的溶解度急剧降低。当冷却较快时，氢原子来不及扩散到钢的表面逸出，就在钢中的一些缺陷处由原子状态的氢变成分子状态的氢。氢分子在不能扩散的条件下在局部地区产生很大压力，这种压力超过了钢的强度极限而在该处形成裂纹，即白点。

2. 钢材的缺陷

碳素钢淬火时通常采用水冷，但对小尺寸的中碳钢，尤其是直径为 8～12mm 的 45 号钢淬火时容易产生裂纹，这是一个较为复杂的问题。目前采取的措施是淬火时试样在水中快速搅动，或者采用油冷，可避免出现裂纹。

3.3.2 优质碳素结构钢

优质碳素结构钢是含碳小于 0.8%的碳素钢，这种钢中所含的硫、磷及非金属夹杂物比碳素结构钢少，机械性能较为优良。优质碳素结构钢按含碳量不同可分为三类：低碳钢（C≤0.25%）、中碳钢（C 为 0.25%～0.6%）和高碳钢（C>0.6%）。

1. 优质碳素结构钢的分类

优质碳素结构钢按含锰量不同分为正常含锰量（含锰 0.25%~0.8%）和较高含锰量（含锰 0.70%~1.20%）两种，后者具有较好的力学性能和加工性能。优质碳素结构钢的硫、磷含量低于 0.035%，主要用来制造较为重要的机件。依据 GB699—88 规格，优质碳素结构钢的牌号用两位数字表示，即钢中平均含碳量的万分位数。例如，20 号钢表示平均含碳量为 0.20% 的优质碳素钢。对于沸腾钢则在尾部加上 F，如 10F、15F 等。

优质碳素结构钢中 08、10、15、20、25 等牌号属于低碳钢，其塑性好，易于拉拔、冲压、挤压、锻造和焊接。其中 20 号钢用途最广，常用来制造螺钉、螺母、垫圈、小轴以及冲压件、焊接件，有时也用于制造渗碳件。30、35、40、45、50、55 等牌号属于中碳钢，因钢中珠光体含量增多，其强度和硬度提高许多，淬火后的硬度可显著增加。其中，以 45 号钢最为典型，它不仅强度、硬度较高，且兼有较好的塑性和韧性，即综合性能优良。45 号钢在机械结构中用途最广，常用来制造轴、丝杠、齿轮、连杆、套筒、键、重要螺钉和螺母等。60、65、70、75 等牌号属于高碳钢。它们经过淬火、回火后不仅强度、硬度提高，且弹性优良，常用来制造小弹簧、发条、钢丝绳、轧辊等。

2. 优质碳素结构钢的化学成分

根据按统一数字代号和牌号规定的化学成分见表 3-11。

优质碳素结构钢化学成分（GB/T 699—1999） 表 3-11

序号	统一数字代号	牌号	化学成分(%)					
			C	Si	Mn	Cr	Ni	Cu
						不大于		
1	U20080	08F	0.05~0.11	≤0.03	0.25~0.50	0.10	0.30	0.25
2	U20100	10F	0.07~0.13	≤0.07	0.25~0.50	0.15	0.30	0.25
3	U20150	15F	0.12~0.18	≤0.07	0.25~0.50	0.25	0.30	0.25
4	U20082	08	0.05~0.11	0.17~0.37	0.35~0.65	0.10	0.30	0.25
5	U20102	10	0.07~0.13	0.17~0.37	0.35~0.65	0.15	0.30	0.25
6	U20152	15	0.12~0.18	0.17~0.37	0.35~0.65	0.25	0.30	0.25
7	U20202	20	0.17~0.23	0.17~0.37	0.35~0.65	0.25	0.30	0.25
8	U20252	25	0.22~0.29	0.17~0.37	0.50~0.80	0.25	0.30	0.25
9	U20302	30	0.27~0.34	0.17~0.37	0.50~0.80	0.25	0.30	0.25
10	U20352	35	0.32~0.39	0.17~0.37	0.50~0.80	0.25	0.30	0.25
11	U20402	40	0.37~0.44	0.17~0.37	0.50~0.80	0.25	0.30	0.25
12	U20452	45	0.42~0.50	0.17~0.37	0.50~0.80	0.25	0.30	0.25
13	U20502	50	0.47~0.55	0.17~0.37	0.50~0.80	0.25	0.30	0.25
14	U20552	55	0.52~0.60	0.17~0.37	0.50~0.80	0.25	0.30	0.25
15	U20602	60	0.57~0.65	0.17~0.37	0.50~0.80	0.25	0.30	0.25
16	U20652	65	0.62~0.70	0.17~0.37	0.50~0.80	0.25	0.30	0.25
17	U20702	70	0.67~0.75	0.17~0.37	0.50~0.80	0.25	0.30	0.25
18	U20752	75	0.72~0.80	0.17~0.37	0.50~0.80	0.25	0.30	0.25
19	U20802	80	0.77~0.85	0.17~0.37	0.50~0.80	0.25	0.30	0.25

续表

序号	统一数字代号	牌号	化学成分(%)						
			C	Si	Mn	Cr	Ni	Cu
						不大于		
20	U20852	85	0.82~0.90	0.17~0.37	0.50~0.80	0.25	0.30	0.25
21	U21152	15Mn	0.12~0.18	0.17~0.37	0.70~1.00	0.25	0.30	0.25
22	U21202	20Mn	0.17~0.23	0.17~0.37	0.70~1.00	0.25	0.30	0.25
23	U21252	25Mn	0.22~0.29	0.17~0.37	0.70~1.00	0.25	0.30	0.25
24	U21302	30Mn	0.27~0.34	0.17~0.37	0.70~1.00	0.25	0.30	0.25
25	U21352	35Ml3	0.32~0.39	0.17~0.37	0.70~1.00	0.25	0.30	0.25
26	U21402	40Ml3	0.37~0.44	0.17~0.37	0.70~1.00	0.25	0.30	0.25
27	U21452	45Mn	0.42~0.50	0.17~0.37	0.70~1.00	0.25	0.30	0.25
28	U21502	50Mn	0.48~0.56	0.17~0.37	0.70~1.00	0.25	0.30	0.25
29	U21602	60Mn	0.57~0.65	0.17~0.37	0.70~1.00	0.25	0.30	0.25
30	U21652	65Ml3	0.62~0.70	0.17~0.37	0.90~1.20	0.25	0.30	0.25
31	U21702	70Ml3	0.67~0.75	0.17~0.37	0.90~1.20	0.25	0.30	0.25

注：表中所列牌号为优质钢。如果是高级优质钢，在牌号后面加"A"（统一数字代号最后一位数字改为"3"）；如果是特级优质钢，在牌号后面加"E"（统一数字代号最后一位数字改为"6"）；对于沸腾钢，牌号后面为"F"（统一数字代号最后一位数字为"0"）；对于半镇静钢，牌号后面为"b"（统一数字代号最后一位数字为"1"）。

冷冲压用沸腾钢含硅量不大于0.03%。氧气转炉冶炼的钢其含氮量应不大于0.008%。供方能保证合格时，可不作分析。经供需双方协议，08~25号钢可供应硅含量不大于0.17%的半镇静钢，其牌号为08b、25b。钢材（或坯）的化学成分允许偏差应符合 GB/T 222—2006 标准中规定。

切削加工用钢材或冷拔坯料用钢材交货状态硬度应符合表3-12中的规定。不退火钢的硬度，供方若能保证合格时，可不作检验。高温回火或正火后的硬度指标，由供需双方协商确定。

切削加工用钢材或冷拔坯料用钢材交货状态硬度表 表3-12

序号	牌号	试样毛坯尺寸(mm)	推荐热处理(℃)			力学性能					钢材交货状态硬度 HBS10/3000 不大于	
			正火	淬火	回火	σ_b (MPa)	σ_s (MPa)	δ_5 (%)	ψ (%)	A_{ku2} (J)	未热处理钢	退火钢
						不小于						
1	08F	25	930			295	175	35	60		131	
2	10F	25	930			315	185	33	00		137	
3	15F	25	920			355	205	29	55		143	
4	08	25	930			325	195	33	60		131	
5	10	25	930			335	205	31	00		137	
6	15	25	920			375	225	27	55		143	

续表

序号	牌号	试样毛坯尺寸(mm)	推荐热处理(℃)			力学性能					钢材交货状态硬度 HBS10/3000 不大于	
			正火	淬火	回火	σ_b (MPa)	σ_s (MPa)	δ_5 (%)	ψ (%)	A_{ku2} (J)	未热处理钢	退火钢
						不小于						
7	20	25	910			410	245	25	55		156	
8	25	25	900	870	600	450	275	23	50	71	170	
9	30	25	880	860	600	490	295	21	50	63	179	
10	35	25	870	850	600	530	315	20	45	55	197	
11	40	25	860	840	600	570	335	19	45	47	217	187
12	45	25	850	840	600	600	355	16	40	39	229	197
13	50	25	830	830	600	630	375	14	40	31	241	207
14	55	25	820	820	600	645	380	13	35		255	217
15	60	25	810			675	400	12	35		255	229
16	65	25	810			695	410	10	30		255	229
17	70	25	790			715	420	9	30		269	229
18	75	试样		820	480	1080	880	7	30		285	241
19	80	试样		820	480	1080	930	6	30		285	241
20	85	试样		820	480	1130	980	6	30		302	255
21	15Mn	25	920			410	245	26	55		163	
22	20Mn	25	910			450	275	24	50		197	
23	25M13	25	900	870	600	490	295	22	50	71	207	
24	30Mn	25	880	860	600	540	315	20	45	63	217	187
25	35Mrl	25	870	850	600	560	335	18	45	55	229	197
26	40Mn	25	860	840	600	590	355	17	45	47	229	207
27	45Mrl	25	850	840	600	620	375	15	40	39	241	217
28	50M13	25	830	830	600	64S	390	13	40	31	255	217
29	60M13	25	810			695	410	11	35		269	229
30	65Mn	25	830			735	430	9	30		285	229
31	70M1	25	790			785	450	8	30		285	229

注：1. 对于直径或厚度小于25mm的钢材，热处理是在与成品截面尺寸相同的试样毛坯上进行。

2. 表中所列正火推荐保温时间不少于30min空冷；淬火推荐保温时间不少于30min，75、80和85号钢油冷，其余钢水冷；回火推荐保温时间不少于1h。

3. 各种因素对钢材性能的影响

优质碳素结构钢（GB/T 699—1999），钢中除含有碳（C）元素和为脱氧而含有一定量硅（Si）（一般不超过0.40%）、锰（Mn）（一般不超过0.80%，较高可到1.20%）合金元素外，不含其他合金元素（残余元素除外）。此类钢必须同时保证化学成分和力学性能。其硫（S）、磷（P）杂质元素含量一般控制在0.035%以下。若控制在0.030%以下者叫高级优质钢,其牌号后面应加"A",例如20A;若磷(P)控制在0.025%以下、硫(S)控制在0.020%以下时,称特级优质钢,其牌号后面应加"E"以示区别。对于由原料带进钢中的其他残余合金元素,如铬(Cr)、镍(Ni)、铜(Cu)等的含量一般控制在Cr≤0.25%、Ni≤0.30%、Cu≤0.25%。有的牌号锰(Mn)含量达到1.40%,称为锰钢。此类钢是依靠调整含碳(C)量来改善钢的力学性能,因此,根据含碳量的高低,此类钢又可分为:低碳钢,含碳量一般小于0.25%,如10、20钢等;中碳钢,含碳量一般在0.25%～0.60%之间,如35、45钢等;高碳钢—含碳量一般大于0.60%。此类钢一般不用于制造钢管。实际上,他们之间的含碳量并没有明显的界限。此类钢产量较大,用途较广,一般多轧(锻)制成圆、方、扁等型材、板材和无缝钢管。主要用于制造一般结构及机械结构零部件以及建筑结构件和输送流体用管道。根据使用要求,有时需热处理(正火或调质)后使用。

4. 钢材的缺陷

镇静钢钢材的横截面酸浸低倍组织试片上不得有目视可见的缩孔、气泡、裂纹、夹杂、翻皮和白点,供切削加工用的钢材允许有不超过表面缺陷允许深度的皮下夹杂等缺陷。

3.3.3 低合金高强度结构钢

低合金高强度结构钢的牌号由代表屈服强度的汉语拼音字母、屈服强度数值、质量等级符号三部分组成,例如:Q345D。

其中,Q-钢的屈服强度的"屈"字汉语拼音的首位字母;

345-屈服强度数值,单位MPa;

D-质量等级为D级。

当需方要求钢板具有厚度方向性能时,则上述规定的牌号后加上代表厚度方向(Z向)性能级别的符号,例如:Q345DZ15。

1. 化学成分

各牌号低合金高强度结构钢的化学成分(熔炼分析)应符合表3-13的规定。

2. 力学性能

低合金高强度结构钢的机械性能(强度、冲击韧性、冷弯等)应符合表3-6～表3-8的规定。

3. 各种因素对钢材性能的影响

钢的性能取决于钢的相组成、相的成分和结构,各种相在钢中所占的体积组分和彼此相对的分布状态。合金元素是通过影响上述因素而起作用的。对钢的相变点的影响,主要是改变钢中相变点的位置,大致可以归纳为以下三个方面:

(1) 改变相变点温度。

一般来说,扩大γ相(奥氏体)区的元素,如锰、镍、碳、氮、铜、锌等,使A3点温度降低,A4点温度升高;相反,缩小γ相区的元素,如锆、硼、硅、磷、钛、钒、钼、钨、铌等,则使A3点温度升高,A4点温度降低。惟有钴使A3点和A4点温度均升高。铬的作用比较特殊,含铬量小于7%时使A3点温度降低,大于7%时则使A3点温度提高。

表 3-13

低合金高强度结构钢的化学成分

牌号	质量等级	化学成分[a,b]（质量分数，%）												
		C	Si	Mn	P	S	Nb	V	Ti	Cr	Ni	Cu	N	Mo	B	Als
										不大于						不小于
Q345	A	≤0.20	≤0.50	≤1.70	0.035	0.035										—
	B				0.035	0.035										—
	C				0.030	0.030	0.07	0.015	0.20	0.30	0.50	0.30	0.012	0.10	—	0.015
	D	≤0.18			0.030	0.025										—
	E				0.025	0.020										0.015
Q390	A	≥0.20	≤0.50	≤1.70	0.035	0.035										—
	B				0.035	0.035										—
	C				0.030	0.030	0.07	0.20	0.20	0.30	0.50	0.30	0.015	0.10	—	0.015
	D				0.030	0.025										—
	E				0.025	0.020										0.015
Q420	A	≤0.20	≤0.50	≤1.70	0.035	0.035										—
	B				0.035	0.035										—
	C				0.030	0.030	0.07	0.20	0.20	0.30	0.80	0.30	0.015	0.20	—	0.015
	D				0.030	0.025										—
	E				0.025	0.020										0.015
Q460	C	≤0.20	≤0.60	≤1.80	0.030	0.030										0.015
	D				0.030	0.025	0.11	0.12	0.20	0.30	0.80	0.55	0.015	0.20	0.004	0.015
	E				0.025	0.020										0.015
Q500	C	≤0.18	≤0.60	≤1.80	0.030	0.030										0.015
	D				0.030	0.025	0.11	0.12	0.20	0.60	0.80	0.55	0.015	0.20	0.004	0.015
	E				0.025	0.020										0.015
Q550	C	≤0.18	≤0.60	≤2.00	0.030	0.030										0.015
	D				0.030	0.025	0.11	0.12	0.20	0.80	0.80	0.80	0.015	0.30	0.004	0.015
	E				0.025	0.020										0.015
Q620	C	≤0.18	≤0.60	≤2.00	0.030	0.030										0.015
	D				0.030	0.025	0.11	0.12	0.20	1.00	0.80	0.80	0.015	0.30	0.004	0.015
	E				0.025	0.020										0.015
Q690	C	≤0.18	≤0.60	≤2.00	0.030	0.030										0.015
	D				0.030	0.025	0.11	0.12	0.20	1.00	0.80	0.80	0.015	0.30	0.004	0.015
	E				0.025	0.020										0.015

a 型材及棒材P、S含量可提高0.005%，其中A级钢上限为0.045%。
b 当细化晶粒元素组合加入时，20(Nb+V+Ti)≤0.22%，20(Mo+Cr)≤0.030%。

(2) 改变共析点 S 的位置。

缩小 γ 相区的元素，均使共析点 S 温度升高；扩大 γ 相区的元素，则相反。此外几乎所有合金元素均降低共析点 S 的含碳量，使 S 点向左移。不过碳化物形成元素如钒、钛、铌等（也包括钨、钼），在含量高至一定限度以后，则使 S 点向右移。

(3) 改变 γ 相区的形状、大小和位置。

这种影响较为复杂，一般在合金元素含量较高时，能使之发生显著改变。例如镍或锰含量高时，可使 γ 相区扩展至室温以下，使钢成为单相的奥氏体组织；而硅或铬含量高时，则可使 γ 相区缩得很小甚至完全消失，使钢在任何温度下都是铁素体组织。

目前，新型的低合金高强度钢以低碳（≤0.1%）和低硫（≤0.015%）为主要特征。常用的合金元素按其在钢的强化机制中的作用可分为：固溶强化元素（Mn、Si、Al、Cr、Ni、Mo、Cu 等）；细化晶粒元素（Al、Nb、V、Ti、N 等）；沉淀硬化元素（Nb、V、Ti 等）以及相变强化元素（Mn、Si、Mo 等）（见金属的强化）。

4. 钢材的缺陷

低合金结构钢是在低碳钢中加入少量的锰、硅、钒、铌、钛、铝、铬、镍、铜、氮、稀土等合金元素炼成的钢材，其组织结构与碳素钢类似。合金元素及其化合物溶解于铁素体和珠光体中，形成新的固溶体-合金铁素体和新的合金渗碳体组成的珠光体类网状间层，使钢材的强度得到提高，而塑性、韧性和焊接性能并不降低。

钢在冶炼和浇注过程中还会产生其他的冶金缺陷，如偏析、非金属夹杂、气孔、缩孔和裂纹等。所谓偏析是指化学成分在钢内的分布不均匀，特别是有害元素如硫、磷等在钢锭中的富集现象；非金属夹杂是指钢中含有硫化物与氧化物等杂质；气孔是指由氧化铁与碳作用生成的一氧化碳气体，在浇注时不能充分逸出而留在钢锭中的微小孔洞；缩孔是因钢液在钢锭模中由外向内、自下而上凝固时体积收缩，因液面下降，最后凝固部位得不到钢液补充而形成；钢液在凝固中因先后次序的不同会引起内应力，拉力较大的部位可能出现裂纹。

钢材的组织构造和缺陷，均会对钢材的力学性能产生重要的影响。

(1) 热影响区的淬硬倾向。热影响区的淬硬倾向，是普通低合金钢焊接的重要特点之一。随着强度等级的提高，热影响区的淬硬倾向也随着变大。为了减缓热影响区的淬硬倾向，必须采取合理的焊接工艺规范。影响热影响区淬硬程度的因素有：材料及结构形式，如钢材的种类、板厚、接头形式及焊缝尺寸等；工艺因素，如工艺方法、焊接规范、焊口附近的起焊温度（气温或预热温度）。焊接施工应通过选择合适的工艺因素，例如增大焊接电流、减小焊接速度等措施来避免热影响区的淬硬。

(2) 焊接接头的裂纹。

焊接裂纹是危害性最大的焊接缺陷，冷裂纹、再热裂纹、热裂纹、层状撕裂和应力腐蚀裂纹是焊接中常见的几种形态。

某些钢材淬硬倾向大，焊后冷却过程中，由于相变产生很脆的马氏体，在焊接应力和氢的共同作用下引起开裂，形成冷裂纹。延迟裂纹是钢的焊接接头冷到室温后，经一定时间（几小时，几天甚至几十天）才出现的焊接冷裂纹，因此具有很大的危险性。防止延迟裂纹可以从焊接材料的选择及严格烘干、工件清理、预热及层间保温、焊后及时热处理等方面进行控制。

3.4 建筑钢结构用钢材的技术标准

3.4.1 国家标准《建筑结构用钢板》GB 19879—2005

本标准原为冶金行业标准（YB）《高层建筑用钢板》YB 4104—2000 修订并升级后的国家标准，于 2005 年颁布执行。本标准钢板（简称 GJ 钢板）原由舞阳钢铁公司开发，并起草了（YB）行业标准。GJ 钢板也是我国第一个为建筑钢结构专用的钢材品种。其综合性能优于按《低合金高强度结构钢》GB/T 1591—2008 生产的钢材，如屈服强度不仅限制下限值也规定了上限值，以保证其必要的稳定区间，并规定了屈强比、碳当量作为交货保证条件。特别是厚板（$t \geqslant 50mm$）的屈服强度折减幅度明显小于普通低合金钢。经测算比较 50～100mmQ345GJ 钢厚板的强度设计值，约可比普通 Q345 相同厚板提高 18%。某工程原设计选用了数万吨普通 Q390D 厚板，经优化比较研讨后改用 Q345GJD 厚板，取得了良好的技术经济效果。GJ 钢厚板还可以要求 Z 向性能，按 Z15、Z25 或 Z35 级别保证低含硫量与厚度方向收缩率来交货（但 Z 向性能保证加价较多，可达 15% 左右，故选材时宜慎重，合理地提出 Z 向要求）。此外，还可根据性能要求分别以热轧、正火、正火轧制、正火控冷、控轧等状态，交货确保高性能要求。因而 GJ 钢板是一种综合性能良好的结构钢板，适用于承受动力作用、地震作用荷载，同时要求较高强度与延性的重要承重构件，特别是采用厚板密实性截面的构件，如超高层框架柱、转换层大梁、大吨位大跨度重级吊车梁等。在强度级别方面，原标准规定有 Q235GJ（C、D、E 级，厚度 6～100mm）、Q345（C、D、E 级，厚度 6～100mm）两个级别，修订为国家标准后又增加了 Q235 GJ（B）、Q345 GJ（B）、Q390 GJ（C、D、E）、Q420 GJ（C、D、E）、Q460（C、D、E）等级别与牌号，系列更加完整。近几年来，大批量 GJ 钢厚板（包括 Q460 GJEZ35、Q390 GJEZ25 及大量 Q345 GJDEZ15、Z25 钢）已成功的用于多项标志性工程，如国家体育场（鸟巢）、首都新机场、国家大剧院、CCTV 新楼、北京电视台新楼、上海环球贸易中心（101 层）等，效果良好，也得到了工程界的了解与认可。现可生产 GJ 钢厚板的主要厂家有舞阳钢铁公司、宝钢、武钢、鞍钢与新余钢铁公司等。GJ 钢板的价格虽高于普通低合金钢板，但经过优化比较，合理要求性能参数来选用时，仍可取得很好的技术经济效果。此外设计选用 GJ 钢板时，应注意由于相关规范尚未规定 GJ 钢板的抗力分项系数（现《高层钢结构技术规程》正安排其取值的统计分析工作），工程应用时可以暂采取由小型专家论证会的方法妥善商定取值。

3.4.2 国家标准《热轧 H 型钢和剖分 T 型钢》GB 11263—2010

1998 年，马钢、莱钢相继建成了热轧 H 型钢生产线，并开始批量生产热轧 H 型钢，填补了我国的钢铁生产空白。同时由马钢、莱钢、冶建院等单位共同编制的国标《热轧 H 型钢和部分 T 型钢》GB11263—1998 也同步颁布实行，热轧 H 型钢有（HW）、中翼缘（HM）、窄翼缘（HN）、桩用（HP）4 个系列的 H 型钢与剖分 T 型钢，其规格、偏差与技术条件，表列规格高度由 100～900mm，实物生产可达 700mm 高度。同时由于建筑结构对轻型薄壁 H 型钢有较大的需求，2003 年由莱钢编制《热轧轻型 H 型钢》YB/T

4113—2003颁布实行，其规格范围由HL100×50×2.3×3.2到HL400×200×6×9.5，其中许多典型规格已与高频薄壁焊接H型钢相同。随着H型钢的生产发展与应用要求的提高，新的热轧H型钢标准已于2010年颁布实施并代替《热轧H型钢和剖分T型钢》GB/T 11263—2005，修订后的主要变化如下：

（1）GB/T 11263—2010是在GB/T 11263—2005标准基础上进行修订，并修改采用日本JISG 3192—2008《热轧型钢的形状、尺寸、重量及允许偏差》和EN10163（2004）《热轧钢板、宽扁钢和型钢表面状态的交货要求》。

（2）增加H450×150、H475×150、H500×150、H625×200四个系列型号和H300×200系列的H298×201×9×14规格。

（3）增加HP系列及厚度尺寸要求。

（4）调整截面面积、理论重量及截面特性参数等数值。

（5）H型钢的尺寸、外形允许偏差中新增翼缘弯曲和翼缘腿端外缘钝化要求。

（6）取消了原附录A热轧H型钢常用钢种牌号及力学性能，附录A改为协议性超厚超重H型钢截面尺寸、截面面积、理论重量及截面特性（参考标准ASTMA6/A6M—2004）。

（7）新增附录B，协议性H型钢尺寸、外形允许偏差（参考标准JISG 3192—2008）。

（8）新增附录C，H型钢和H型钢桩的清理和焊补。

（9）附录D中更新了新增加的工字钢与H型钢型号及截面特性参数对比。

3.4.3 国家标准《结构用冷弯空心型钢尺寸、外形、重量及允许偏差》GB/T 6728—2002

本标准为替代1986年标准并经修订后于2002颁布实施的新标准，其内容规定了结构用冷弯圆钢管和方（矩）钢管的尺寸及飞外形、允许偏差等技术要求。本标准由宝钢集团上海钢铁工艺所、武钢集团汉口轧钢厂、广州钢管厂等单位编制。与旧标准相比主要修改内容如下：

（1）大大扩充了规格系列：增加了圆管规格D（外径）21.3～610mm；方管（边长）170～500mm、矩管（高×宽）200mm×120mm～600mm×400mm。

（2）相应增加了管材厚度10、12、14、16mm的规格。

（3）补充规定了厚度偏差、弯角圆弧半径上下限值、定尺精度内容。

（4）原标准冷弯钢管规格过小、过少，且20年未作修改补充，其内容明显滞后，此次修订大幅增加了大截面规格与厚度级别，如新增加圆管系列$\phi21.3×1.2$～$\phi610×16$、方管扩充到500mm×500mm×16mm、矩管扩充到600mm×400mm×16mm。此类规格系列基本上可满足钢结构各类大跨度、空间桁架、网架和钢管混凝土柱的管材要求。特别是大截面的方（矩）管为方（矩）管桁架及方（矩）管混凝土结构的应用提供了用材的保证条件。本标准与其他型材标准相同，只规定了管材截面规格系列与外形、尺寸及偏差，其所用材质仍由选用人自行选定。根据《钢结构设计规范》的规定，桁架类结构所用钢管钢材强度级别不应超过345MPa，故宜选用Q235、Q345钢为宜。同时，选用管材时还应注意局部稳定对截面板件的高（宽）厚比要求。由于本标准只能起到规范规格系列与尺寸偏差的作用，实际工程选用时还应同时引用并遵照其他相关标准，如钢材牌号、直缝焊管、建筑结构用矩形管等。

3.4.4 建筑行业标准《建筑结构用冷弯矩形钢管》JG/T 178—2005

近年来，因建筑行业与工程建设需要，由建设部组织编制的建筑结构专用钢制品行业标准也陆续颁布施行。本标准即为钢结构专用的冷成型方（矩）钢管行业标准。标准由宝钢集团上海钢铁工艺所、华东建筑设计研究院等单位编制，其内容在上述国标（冷弯空心型钢）的基础上补充了结构应用的相关技术要求，包括制造工艺及交货状态、钢材牌号与产品质量等级、化学成分、碳当量、力学性能、屈强比、表面质量、焊缝质量及外形允许偏差等，内容全面，更便于结构工程设计选材与应用。故本标准宜作为工程设计选用方（矩）钢管材料的主要依据，并在选用时注意以下各点：

（1）本标准中起始规格边长为100mm，同时与国标 GB/T 6728—2002 相比，每一规格系列中壁厚种类均有增加，分别增加了 8、10、12、14、16、19、22mm 等厚度。

（2）本标准中所用钢材列入了了 235、345、390MPa 三个强度等级，按《钢结构设计规范》规定，实际工程桁架、网架选材时不应选用强度高于 345MPa 的钢材。

（3）本标准对矩形管产品规定了Ⅰ级、Ⅱ级质量等级，后者仅提供钢管基板原料的化学成分和力学性能；前者则除提供原料的化学成分外，还提供成型后钢管的力学性能保证，并将屈强比、碳当量作为交货保证条件，将低温冲击功与焊缝无损检测作为协议补充保证条件。故对主要承重构件应选用Ⅰ级产品，并要求焊缝为熔透焊（Ⅱ级质量）。

（4）冷弯成型薄壁型钢（包括冷弯薄壁钢管）的钢材强度设计值均应按国标《冷弯薄壁型钢结构技术规范》GB 50018 的规定取值，但该规范规定适用的型材厚度不应大于 6mm，而本标准大多数规格的厚壁均已超过 6mm，已不属于"薄壁"范畴，故设计时对较厚的矩形管，亦可酌情按《钢结构设计规范》GB 50017 的规定取值。

（5）钢管的冷弯性能数只提供基板原料性能参数，当壁厚 $t \leqslant 8$mm 时，不提供冲击功性能保证。

（6）冷成型方（矩）钢管成型后，因冷加工效应，其截面强度有一定提高（计算时一般不考虑）而延性（伸长率等）有所降低，在角部圆弧此种影响更为集中并降低其焊接性能，设计施工时宜采取相应的焊接措施。我国最早（约 1990 年）由武钢轧钢厂生产了 300mm×300mm×12.5mm 与 360mm×200mm×12.5mm 的方（矩）钢管，为当时国内最大截面。后又有江苏玉龙钢管厂、山东山口钢管厂等投产，可生产边长 400～450mm 的方（矩）管。现宝钢集团上海钢铁工艺研究所与武汉轧钢厂等已可按本标准生产最大截面为 500mm×500mm×22mm、600mm×400mm×22mm 的方（矩）管。根据国内外经验，边长 500mm 以下厚度小于 18mm 的箱形截面宜选用冷弯成型焊管，而不宜选用四块板组焊的箱形截面（壁厚较小时，箱形柱加工组制的箱形截面易有较大变形）。由于冷弯矩形钢管具有较多个性特征（残余应力、冷作硬化等）。目前，中国钢协专家委员会等有关单位也筹备编制相应的设计与施工技术规程。

3.4.5 冶金行业标准《焊接 H 型钢》YB 3301—2005

本标准为替代 1992 年标准的新行业标准。《焊接 H 型钢》作为冶金行业标准（YB 系列）早在 1981 年即颁布执行，当时标准规格即分为普通焊接 H 型钢（规格较大共 129 种，采用埋弧自动焊工艺）与轻型焊接 H 型钢（共 28 种规格，采用高频焊 CO_2 保护焊或电弧焊工艺）两种。1992年第一次修订时将此两类合并为一个标准。本次修订是在"92标准"基础上进行的，修订工作由中冶集团建筑研究总院与冶金信息标准研究院负责，并增加了京城工程技术有限公司、马钢、莱钢建设有限公司、精工钢结构公司等单位为参编单位，修订的主要内容如下：

（1）统一不再分类，并统一规定为一个代号（HA）。

（2）规格高度由最大1200mm增加到2000mm，翼缘厚度规格增加到50mm，适用范围显著加大。

（3）细化了截面特性的计算。

（4）强化了技术要求的条文，补充并提高了对材料、人员资质、工艺评定、产品检验等方面的要求。

热轧H型钢虽然质量较好，成本较低，但因生产工艺限制，其高度只能在1000mm左右，所以工程中大量应用的高截面、薄腹截面、变截面等H型钢仍只能采用焊接H型钢，同时焊接H型钢的另一特点是其截面组合板件规格的灵活性更便于应用与合理选材。因而新修订的标准增加了大规格，提高了质量要求，都能更好地符合工程应用要求。选用时应同时提出钢材牌号等级要求，可采用Q235、Q345、Q390、Q420等牌号，有更高材性要求时也可采用相应强度级别的GJ钢。对厚度$t \geqslant 40mm$并因焊接约束度很高，可能引起板厚方向收缩撕裂应力很大的部位，其材性宜要求保证厚度方向断面收缩率（即Z向性能）。设计计算时同样应按翼缘、腹板不同厚度，分别取相应的强度设计值，同时校核板件的局部稳定。

本标准虽然颁布实施多年，但由于焊接H型钢截面组合灵活，各加工厂家均可自行制作，故设计、施工中严格按本标准选用或检验的情况尚不普遍，今后这一情况或习惯应逐渐改变。焊接H型钢作为一个钢结构承重构件最常用的组合型材，应有统一的国家或行业标准作为产品生产、验收的依据，其技术要求、焊缝匹配、允许偏差与检验要求可以较完整的规范产品的质量，故设计选用焊接H型钢时，宜在设计文件中说明，其产品应以本标准为依据。

3.4.6 建筑行业标准《结构用高频焊接薄壁H型钢》JG/T 137—2007

由于市场对薄壁H型钢需求量大，而热轧H型钢供应市场后缺少轻型薄壁截面规格，原冶金行标（YB）焊接轻型H型钢系列规格又较少，故上海大通钢结构公司等根据市场与工程要求开发了焊接薄壁H型钢，并于2001年编制了第一版本标准。在当时起到了填补轻型薄壁规格系列空白的作用，近年来也得到了较广泛的应用。目前，《结构用高频焊接薄壁H型钢》的最新标准是JG/T 137—2007。JG/T 137—2007标准适用于工业与民用建筑和一般建筑物等钢结构使用的经连续高频焊接而成的薄壁H型钢。本标准规定了结构用高频焊接薄壁H型钢的术语、代号与标记、要求、试验和检测方法、检验规则、标志、包装、运输和储存等。

结构用高频焊接薄壁H型钢宜采用GB/T 700中的Q235、GB/T 1591中的Q345牌号，其化学成分（熔炼分析）应符合相应标准的规定。

用于制造结构用高频焊接薄壁H型钢的钢材，其力学性能应符合GB/T 700、GB/T 1591及相应钢材标准的规定。

3.4.7 国家标准《彩色涂层钢板及钢带》GB/T 12754—2006

本标准原由武汉钢铁公司负责编制,并于1991年颁布施行,多年来一直是建筑用彩涂压型钢板的主要材料,其内容规定了分类与代号、性能、表面质量、允许偏差等技术要求。十余年来随着应用的发展已不能满足应用要求,急需修订补充。此次修编工作由宝钢负责,武钢、首钢等单位参编,修订后主要变化如下:增加了彩涂板的牌号、涂层结构和热镀锌基板表面结构的分类、彩涂板厚度允许偏差的规定与力学性能的规定。调整补充了正面涂层性能指标,增加了反面涂层性能规定;基板种类增加了热镀铝锌板与热镀锌铝板,取消了冷轧基板;面漆种类增加了高耐久性聚酯和聚偏乙烯,取消了丙烯酸、塑料溶胶和有机溶胶。

增加了国内外彩涂板常用基板牌号对照表、彩涂板的选择、彩涂板的加工、彩涂板的使用寿命和耐久性等7个资料性附录。

由上可知,本次修订做了较重要的修改与补充,使产品的性能参数更加完善,特别是增加了多个与应用有关的附录,更加方便了应用。在设计彩涂压型钢板围护结构和应用本标准时,应注意以下各点:

(1) 设计应用彩涂压型钢板(屋面板、墙面板等)时,应以本标准为选材的主要依据,建筑师与结构工程师应共同负责按涂层种类、镀层与基板要求、强度级别等选定所需彩涂板的牌号。

(2) 对一般用的屋面板、墙板,其彩涂板结构级别宜选用 TS250GD(屈服强度≥250MPa) TS280GD(屈服强度≥280MPa)或 TS350GD(屈服强度≥350MPa)牌号;不宜选用更高强度的牌号(扣压式压型板除外),也不应选用碳素钢 Q235 或低合金钢 Q345 等牌号。

(3) 镀层种类可选用热镀锌(牌号后缀为Z)或热镀铝锌(牌号后缀为AZ)。镀层厚度与面漆(涂层)种类应按适用环境侵蚀条件、使用寿命要求、工程造价等参照本标准的规定与附录选定。

(4) 屋面板或墙面板的基板厚度应分别不小于 0.6mm 或 0.5mm。

(5) 压型钢板的基板厚度公差可达10%左右,而设计选材或订货时又难以控制要求厂家以更小的公差交货,故压型板截面的计算宜留有余度。

所有上述要求均应在设计文件中注明,应再明确的是,压型钢板、屋面板与墙板,既是围护构件又是承重构件,选材时合理的选定其强度级别并提出力学性能要求,是结构工程师应承担的责任,不应轻视或忽视。

为了使压型钢板的选材、设计与加工更加规范,新修订的国标《建筑用压型钢板》与《建筑用压型钢板技术规范》也正在修编之中。

3.4.8 宝钢标准《连续热镀铝锌合金钢板及钢带》Q/BQ B425—2004

本标准为企业标准,但作为彩涂板基板的镀层板,本标准产品—镀铝锌板是一项具有填补国内空白意义的产品。多年来,国产彩涂板只能以热镀锌板为基板,而热镀铝锌板因具有更好的耐腐蚀性能,被国外企业作为"拳头产品"制作的压型钢板在国内工程中占据了很大的市场。本标准和产品的问世,将从根本上改变这一垄断状况。本标准规定了连续热镀铝锌合金钢板及钢带的术语、定义、分类和代号、尺寸、技术要求、检验和试验等，其适用厚度为 0.22～1.30mm。镀层中铝的质量百分比约 55%，硅的质量百分比约 1.6%，其余成分为锌。同时，钢板、钢带成品的化学成分中不含 Si。镀铝锌板的强度级别分为 S250、S300、S350、S550 四个等级，各数值均表示其屈服强度下限值（MPa）。镀层厚度分为（双面 g/m^2）30/30、40/40、50/50、60/60、75/75、90/90 六个级别。目前压型钢板工程中选用镀铝型板作基板时，其选材应以本标准为依据，并注意以下各点：

（1）板的强度等级不宜大于 350MPa。

（2）一般使用环境条件（工业或沿海地区，轻度侵蚀介质）下使用时视湿度条件，按镀层厚度不小于 $60/60g/m^2$ 或 $75/75g/m^2$。

（3）用作屋面板或墙面板的基板厚度应分别不小于 0.6mm 或 0.5mm。

4 型 钢

4.1 普通工字钢

4.1.1 概述

工字钢也称为钢梁（英文名称 steel I bean），是截面为工字形的长条钢材。工字钢的翼缘由根部向边上逐渐变薄的，有一定的角度（图4-1）。

图 4-1 普通工字钢

工字钢的型号是用其腰高厘米数的阿拉伯数字来表示，腹板、翼缘厚度和翼缘宽度不同其规格以腰高（h）×腿宽（b）×腰厚（d）的毫米数表示，如 I 160×88×6，即表示腰高为 160mm，腿宽为 88mm，腰厚为 6mm 的工字钢。工字钢的规格也可用型号表示，型号表示腰高的厘米数，如 I 16。腰高相同的工字钢，如有几种不同的腿宽和腰厚，需在型号右边加 a、b、c 予以区别，如 I 32a、I 32b、I 32c 等。工字钢分普通工字钢和轻型工字钢，热轧普通工字钢的规格为 10～63 号。经供需双方协议供应的热轧普通工字钢规格为 12～55 号。工字钢广泛用于各种建筑结构、桥梁、车辆、支架、机械等。

4.1.2 热轧工字钢

热轧工字钢也称钢梁，是截面为工字形的长条钢材，主要由碳素结构钢轧制而成。其规格以腰高（h）×腿宽（b）×腰厚（d）的毫米数表示。如 I 160×88×6，即表示腰高为 160mm，腿宽为 88mm，腰厚为 6mm 的工字钢。工字钢规格也可用型号表示，型号表示腰高的厘米数，如 I 16 号。腰高相同的工字钢，如有几种不同的腿宽和腰厚，需在型号右边加 a 或 b 或 c 予以区别，如 I 32a、I 32b、I 32c 等。热轧工字钢的规格范围为 10～63 号。工字钢广泛应用于各种建筑钢结构和桥梁，主要用在承受横向弯曲的杆件。

热轧工字钢的截面图形及标注符号如图4-2 所示。

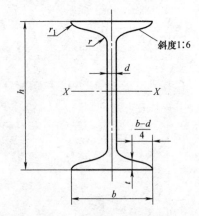

图 4-2 热轧工字钢的截面图形及标注符号
h—高度；b—腿宽度；d—腰厚度；
t—平均腿厚度；r—内圆弧半径；r_1—腿端圆弧半径

热轧工字钢的高度 h、腿宽度 b、腰厚度 d 尺寸允许偏差应符合表 4-1 的规定。

热轧工字钢尺寸允许偏差　　　　表 4-1

型　号	允许偏差(mm)		
	高度 h	腿宽度 b	腰厚度 d
≤14	±2.0	±2.0	±0.5
>14～18		±2.5	
>18～30	±3.0	±3.0	±0.7
>30～40		±3.5	±0.8
>40～63	4.0	±4.0	±0.9

4.2 槽钢

热轧槽钢是截面为凹槽的长条钢材，主要由碳素结构钢轧制而成。其规格表示方法同工字钢。如⊏120×53×5 表示腰高为 120mm、腿宽为 53mm、腰厚为 5mm 的槽钢，或称 12 号槽钢。腰高相同的槽钢，如有几种不同的腿宽和腰厚，也需在型号右边加上 a 或 b 或 c，予以区别，如⊏25a、⊏25b、⊏25c 等。热轧槽钢的规格范围为 5～40 号。槽钢主要用于建筑钢结构和车辆制造等，30 号以上可用于桥梁结构作受拉力的杆件，也可用作工业厂房的梁、柱等构件。槽钢常常和工字钢配合使用。

热轧槽钢的截面图示及标注符号如图 4-3 所示，其尺寸允许偏差见表 4-2。

热轧槽钢的高度 h、腿宽度 b、腰厚度 d 尺寸允许偏差应符合表 4-2 的规定。

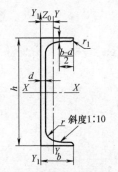

图 4-3　热轧槽钢的截面
图示及标注符号

h—高度；b—腿宽度；
d—腰厚度；t—平均腿厚度；
r—内圆弧半径；r_1—腿端圆弧半径

热轧槽钢尺寸允许偏差　　　　表 4-2

型号	允许偏差(mm)		
	高度 h	腿宽度 b	腰厚度 d
5～8	±1.5	±1.5	±0.4
>8～14	±2.5	±2.0	±0.5
>14～18		±2.5	±0.6
>18～30	±3.0	±3.0	±0.7
>30～40		±3.5	±0.8

4.3 角钢

4.3.1 热轧等边角钢

热轧等边角钢（俗称角铁），是两边互相垂直成角形的长条钢材，主要由碳素结构钢轧制而成。其规格以边宽×边宽×边厚的毫米数表示。

如L30×30×3，即表示边宽为30mm、边厚为3mm的等边角钢。也可用型号表示，型号是边宽的厘米数，如3号。型号不表示同一型号中不同边厚的尺寸，因而在合同等单据上应将角钢的边宽、边厚尺寸填写齐全，避免单独用型号表示。热轧等边角钢的规格为2～20号。

热轧等边角钢可按结构的不同需要组成各种不同的受力构件，也可作构件之间的连接件。其广泛应用于各种建筑结构和工程结构上。

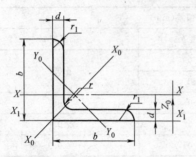

图 4-4 热轧等边角钢的截面图示及标注符号
b—边宽度；d—边厚度；
r—内圆弧半径；r_1—边端内圆弧半径

热轧等边角钢的截面图示及标注符号如图 4-4 所示。

等边角钢的边宽度 b、边厚度 d 尺寸允许偏差应符合表 4-3 的规定。

等边角钢尺寸允许偏差   表 4-3

型 号	允许偏差（mm）	
	腿宽度 b	腰厚度 d
2～5.6	±0.8	±0.4
6.3～9	±1.2	±0.6
10～14	±1.8	±0.7
16～20	±2.5	±1.0

4.3.2 热轧角钢

热轧角钢分为等边角钢和不等边角钢两种。

1. A 热轧等边角钢

（1）热轧等边角钢的规格及截面特性如图 4-5 所示。

（2）热轧等边角钢的规格及截面特性见（GB/706—2008）。

2. B 热轧不等边角钢

（1）热轧不等边角钢的规格及截面特性如图 4-6 所示。

（2）热轧不等边角钢的规格及截面特性见 GB/706—2008。

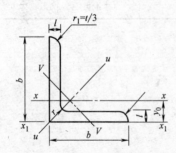

图 4-5 热轧等边角钢的规格及截面特性

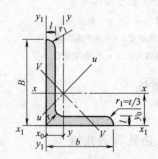

图 4-6 热轧不等边角钢的规格及截面特性

4.4 轧制 H 型钢

断面形状类似于大写拉丁字母 H 的一种经济断面型材,又叫做万能钢梁、宽缘(边)工字钢或平行翼缘工字钢。H 型钢的横断面通常包括腹板和翼缘板两部分,又称为腰部和边部。

H 型钢有热轧成型及焊接组合成型两种生产方式。焊接 H 型钢是将厚度合适的带钢裁成合适的宽度,在连续式焊接机组上将边部和腰部焊接在一起。焊接 H 型钢有金属消耗大、生产的经济效益低、不易保证产品性能均匀等缺点。因此,H 型钢生产以轧制方式为主。H 型钢和普通工字钢在轧制上的主要区别是,后者可以在两辊孔型中轧制,前者需要在万能孔型中轧制。采用近终形连铸异型坯、通过四辊万能轧制工艺生产的热轧 H 型钢具有优质、高效、低耗、低成本等特点,在提高钢铁材料质量、提升使用经济效益方面具备巨大的优越性。规格、材质一致时热轧 H 型钢完全可代替焊接 H 型钢,并且前者比后者质量有保证。一般情况下,在结构设计时,对多、高层建筑宜采用热轧 H 型钢,对门式刚架结构的轻钢厂房,选用焊接变截面 H 型钢其用钢量指标更好一些,但工程造价并不能节省多少,其原因在于热轧 H 型钢的加工量小、工期稍短,如果计算其综合经济效益(包括工程投入使用后),在工期起决定性作用的情况下,可选择热轧 H 型钢,但当工期要求不严格或某些形象工程,可本着节约资源的原则选用焊接 H 型钢。

4.4.1 H 型钢的特点

H 型钢的翼缘内外侧平行或接近于平行,翼缘端部呈直角,因此而得名平行翼缘工字钢。H 型钢的腹板厚度比腹板同样高的普通工字钢小,翼缘宽度比腹板同样高的普通工字钢大,因此又得名宽缘工字钢。由形状所决定,H 型钢的截面模数、惯性矩及相应的强度均明显优于同样单重的普通工字钢。用在不同要求的金属结构中,不论是承受弯曲力矩、压力负荷、偏心负荷都显示出它的优越性能,可较普通工字钢大大提高承载能力,节约金属 10%~40%。H 型钢的翼缘宽、腹板薄、规格多、使用灵活,用于各种桁架结构中可节约金属 15%~20%。由于其翼缘内外侧平行,缘端呈直角,便于拼装组合成各种构件,从而可节约焊接、铆接工作量 25%左右,能大大加快工程的建设速度,缩短工期。

4.4.2 H 型钢的用途

H 型钢主要用于:
(1) 各种民用和工业建筑结构。
(2) 各种大跨度的工业厂房和现代化高层建筑,尤其是地震活动频繁地区和高温工作条件下的工业厂房。
(3) 要求承载能力大、截面稳定性好、跨度大的大型桥梁。
(4) 重型设备,舰船骨架。
(5) 高速公路,矿山支护,地基处理和堤坝工程。
(6) 各种机器构件。

4.4.3　H型钢的分类

H型钢的产品规格很多，分类方法有以下几种。

(1) 按产品的翼缘宽度分：分为宽翼缘、中翼缘和窄翼缘H型钢。宽翼缘和中翼缘H型钢的翼缘宽度（B）大于或等于腹板高度（H）。窄翼缘H型钢的翼缘宽度B约等于腹板高度H的二分之一。

(2) 按产品用途分：分为H型钢梁、H型钢柱、H型钢桩、极厚翼缘H型钢梁。有时也将平行腿槽钢和平行翼缘工字钢也列入H型钢的范围。一般以窄翼缘H型钢作为梁材，以宽翼缘H型钢作为柱材，据此又有梁型H型钢和柱型H型钢之称。

(3) 按生产方式分：分为焊接H型钢和轧制H型钢。

(4) 按尺寸规格大小分：分为大、中、小号H型钢。通常将腹板高度H在700mm以上的产品称为大号、300～700mm的称为中号，小于300mm的称为小号。至1990年末，世界上最大的H型钢腹板高度为1200mm，翼缘宽度为530mm。

国际上，H型钢的产品标准分为英制系统和公制系统两大类。美、英等国采用英制，中国、日本、德国和俄罗斯等国采用公制，尽管英制和公制使用的计量单位不同，但对H型钢则大都用4个尺寸表示它们的规格，即：腹板高度h、翼缘宽度b、腹板厚度d和翼缘厚度t。世界各国对H型钢尺寸规格大小的表示方法不同，但所生产的产品尺寸规格范围及尺寸公差相差不大。

4.4.4　H型钢的生产方法

H型钢可用焊接或轧制两种方法生产。

(1) 焊接H型钢是将厚度合适的带钢裁成合适的宽度，在连续式焊接机组上将翼缘和腹板焊接在一起。焊接H型钢有金属消耗大、不易保证产品性能均匀、尺寸规格受限制等缺点。

(2) 现代H型钢以轧制方法生产为主。在现代化的轧钢生产中，使用万能轧机轧制H型钢。H型钢的腹板在上下水平辊之间进行轧制，翼缘则在水平辊侧面和立辊之间同时轧制成型。由于仅用万能轧机尚不能对翼缘边端施以压下，这样就需要在万能机架后设置轧边端机，俗称轧边机，以便对翼缘边端给以压下并控制翼缘宽度。在实际轧制操作中，把这两座机架作为一组，使轧件往复通过若干次，或者是令轧件通过由几架万能机座和一两架轧边端机座组成的连轧机组，每道次施加一定的压下量，将坯料轧成所需规格形状和尺寸的产品。在轧件的翼缘部位，由于水平辊侧面与轧件之间有滑动，轧辊的磨损比较大。为了保证重车后的轧辊能恢复原来的形状，应使粗轧机组上下水平辊的侧面以及与其相对应的立辊表面呈$3°\sim8°$的倾角。为修正成品翼缘的倾角，设置成品万能轧机，又叫做万能精轧机。其水平辊侧面与水平辊轴线垂直或有较小的倾斜角，一般不大于$20'$，立辊呈圆柱状。

1) 用万能轧机轧制H型钢，轧件断面可得到较均匀的延伸，翼缘内外侧轧辊表面的速度差较小，可减轻产品的内应力及外形上的缺陷。适当改变万能轧机的水平辊和立辊的压下量，便能获得不同规格的H型钢。万能轧机的轧辊外形，形状简单，寿命长，轧辊的消耗可大为减少。万能轧机轧制H型钢的最大优点是：同一尺寸系列只有腹板和翼缘的厚度尺寸是变化的，其余部位尺寸都是固定不变的。因此，同一万能孔型轧制的同一系列H型钢具有多种腹板和翼缘厚度尺寸规格，使H型钢规格数量大为增加，为使用者选择合适的尺寸规格带来极大的方便。

2）在无万能轧机的情况下，有时为了满足生产建设的急需，也可将普通两辊式轧机加装立辊框架，组成万能孔型轧制H型钢。用这种方式轧制H型钢，产品尺寸精度低，翼缘同腹板之间难成直角，成本高，规格少，轧制柱材用H型钢极为困难，故使用者不多。

4.5 焊接H型钢

（1）高频焊接H型钢

将分流器端片（T型材、H59-1黄铜）两件与电阻片（厚1.5、宽20、长45，锰铜板）5片，以高频加热的方式，用铜磷专用焊料焊接；要求钎焊过程≤1min，重点解决定位和焊接问题（以往钎焊过程采用气焊方法）。主要技术经济指标：焊后产品表面无氧化，焊接质量高于气焊；端片与电阻片焊接可靠，焊接无熔化及变形；保证分流器的电阻性能；生产效率提高两倍。

（2）高频焊接轻型H型钢的技术特点是：

1）焊接速度快，可达到18～45m/min；

2）热影响小，容易控制H型钢变形；

3）可焊接不同材质组合的H型钢；

4）可实现微张力生产，减少焊接应力。

（3）技术水平：

1）截面尺寸精度高；

2）截面性能优良；

3）截面尺寸可按用户要求定制的特点。

4.6 冷弯型钢

冷弯型钢（cold rolled section steel）指用钢板或带钢在冷状态下弯曲成的各种断面形状的成品钢材。冷弯型钢是一种经济的截面轻型薄壁钢材，也称为钢制冷弯型材或冷弯型材。冷弯型钢是制作轻型钢结构的主要材料。它具有热轧所不能生产的各种特薄、形状合理而复杂的截面。与热轧型钢相比较，在相同截面面积的情况下，回转半径可增大50%～60%，截面惯性矩可增大0.5～3.0倍，因而能较合理地利用材料强度；与普通钢结构（即由传统的工字钢、槽钢、角钢和钢板制作的钢结构）相比较，可节约钢材30%～50%左右。在某些情况下，冷弯型钢结构的用钢量与相同条件下的钢筋混凝土结构的用钢量相当，是一种经济断面钢材（图4-7）。

4.6.1 冷弯型钢的特点

冷弯型钢是以热轧或冷轧带钢为坯料经弯曲成型制成的各种截面形状尺寸的型钢。冷弯型钢具有以下特点：

（1）截面经济合理，节省材料。冷弯型钢的截面形状可以根据需要设计，结构合理，

图 4-7 冷弯型钢

单位重量的截面系数高于热轧型钢。在同样负荷下，可减轻构件重量，节约材料。冷弯型钢用于建筑结构可比热轧型钢节约金属 38%～50%，用于农业机械和车辆可节约金属 15%～60%。方便施工，降低综合费用。

(2) 品种繁多。可以生产用一般热轧方法难以生产的壁厚均匀、截面形状复杂的各种型材和各种不同材质的冷弯型钢。

(3) 产品表面光洁，外观好，尺寸精确，而且长度也可以根据需要灵活调整，全部按定尺或倍尺供应，提高材料的利用率。

(4) 生产中还可与冲孔等工序相配合，以满足不同的需要。

4.6.2 冷弯型钢的品种

冷弯型钢品种繁多，从截面形状分，有开口的、半闭口和闭口的，主要产品有冷弯槽钢、角钢、Z 型钢、冷弯波形钢板、方形管、矩形管，电焊异形钢管、卷帘门等。通常生产的冷弯型钢，厚度在 6mm 以下，宽度在 500mm 以下。我国常用规格有等边角钢（肢长 25～75mm）、内卷边角钢（肢长 40～75mm）、槽钢（高 25～250mm）、内卷边槽钢（高 60～250mm）、卷边 Z 型钢（高 100～180mm）等 400 多个规格品种。产品广泛用于矿山、建筑、农业机械、交通运输、桥梁、石油化工、轻工、电子等工业。

4.6.3 冷弯型钢的工艺

冷弯型钢是制作轻型钢结构的主要材料，采用钢板或钢带冷弯成型制成。它的壁厚不仅可以制得很薄，而且大大简化了生产工艺，提高生产效率。可以生产用一般热轧方法难以生产的壁厚均匀，但截面形状复杂的各种型材和不同材质的冷弯型钢。冷弯型钢除用于各种建筑结构外，还广泛用于车辆制造、农业机械制造等方面。冷弯型钢品种很多，按截面分开口、半闭口、闭口。按形状有冷弯槽钢、角钢、Z 型钢、方管、矩形管、异形管、卷帘门等。最新标准 GB/T 6725—2008 中增加了冷弯型钢产品屈服强度等级分类、增加了细晶粒钢、增加了产品的力学性质的具体考核指标。

冷弯型钢采用普通碳素结构钢、优质碳素结构钢，低合金结构钢板或钢带冷弯制成。冷弯型钢是属于经济断面钢材，也是高效节能材料，是一种具有强大生命力的新型钢材品种，它广泛应用于国家经济的各个领域，其用途大约可以分为公路护栏板、钢结构、汽车、集装箱、钢模板和脚手架、铁道车辆、船舶和桥梁、钢板桩、输电铁塔、其他 10 大类。

在冷弯空心方（矩）形型钢生产中，目前有两种不同的生产成型工艺。一种是先成圆再变方形或矩形；另一种是直接成方形或矩形。目前，在方（矩）形钢管成型领域，直接成方形、成矩形的技术是国际最先进的成型技术。直接成方或矩形的工艺比先成圆再变方或矩形的工艺要先进。先成圆再变方形或矩形工艺对钢带或卷板材质损坏大；而直接成方形、成矩形的工艺，在成型过程中基本不会对材质造成破坏，能很好的保持原材料的机械性能和物理性能，保证了产品的优良。

5 钢板和钢带

5.1 钢板

薄钢板、钢带是宽度较窄、长度很长薄板、大多成卷供应。钢板规格用厚度×宽度×长度（或成卷）表示，钢板是一种宽度与厚度之比很大的扁平断面钢材。

5.1.1 中厚钢板

厚度大于 4mm 的钢板属于中厚钢板。其中，厚度 4.5～25.0mm 的钢板称为中厚板，厚度 25.0～100.0mm 的称为厚板，厚度超过 100.0mm 的为特厚板。目前，中厚钢板大都靠热轧生产，中厚钢板分普通中厚钢板和优质中厚钢板。

5.1.2 普通中厚钢板

普通中厚钢板是指用普通碳素结构钢或低合金结构钢热轧的钢板，主要包括：普通碳素沸腾钢钢板、普通碳素镇静钢钢板、低合金钢钢板、桥梁用钢板、造船钢板、锅炉钢板、压力容器钢板、花纹钢板、汽车大梁钢板。

普通中厚板用途广泛用来制造各种容器、炉壳、炉板、桥梁及汽车、拖拉机的零件及焊接构件。

桥梁用钢板用于大型铁路桥梁。要求能够承受动载荷、冲击、振动、耐蚀等。

5.1.3 优质中厚钢板

是指用各种优质钢热轧的钢板，按材质和用途分为：优质碳素结构钢钢板、碳素工具钢板、合金结构钢板、合金工具钢板、弹簧钢板、轴承钢板、高速工具钢板、不锈钢板、九零系钢板、防弹钢板、纯铁钢板、高压钢板、耐候钢板、耐压钢板、低磁钢板，最常用的是优质碳素结构钢板和不锈钢板。另外，还有复合钢板，如不锈复合钢板、犁铧钢板、铜钢复合钢板等。优质中厚钢板用于制作机械、车辆等零件、构件、工具等。不锈钢板多用于航空、石油化工、纺织、食品、医疗等。

5.1.4 薄钢板

薄钢板的厚度不超过 4.0mm。薄钢板分普通薄钢板、优质薄腹板和镀层薄钢板，按其轧制工艺又分热轧薄钢板和冷轧薄钢板。

（1）热轧普通薄钢板。

由普通碳素结构钢或低合金结构钢热轧制成，主要包括普通钢板、造船钢板、低合金钢板、花纹钢板、油桶钢板、液化气瓶钢板、汽车横梁钢板、钢模板等。普通钢板用途较广，用于对表面要求不高，不需经深冲压的制件，如机器外罩、通风管道、开关箱等，及其他板的原料。

(2) 热轧优质薄钢板。

用各种优质钢热轧制成。主要包括优质碳素结构钢薄钢板、碳素工具钢薄钢板、合金结构钢薄钢板、合金工具钢薄钢板、弹簧钢薄钢板、轴承钢薄钢板、不锈钢薄钢板、九零系薄钢板、防弹薄钢板等,其用途和优质热轧中厚钢板相似。

(3) 冷轧普通薄钢板。

由普通碳素结构钢或低合金结构钢冷轧制成。冷轧是在室温条件下将钢板进一步轧薄至目标厚度的钢板。和热轧钢板相比,冷轧钢板厚度更加精确,而且表面光滑、漂亮,同时还具有各种优越的机械性能,特别是加工性能方面。因为冷轧原卷比较脆硬,不太适合加工,所以通常情况下冷轧钢板要求经过退火、酸洗及表面平整之后才交给客户。冷轧最小厚度是0.1~8.0mm以下,大部分工厂(如保定普瑞)钢材冷轧钢板厚度是4.5mm以下;最少厚度、宽度是根据各工厂的设备能力和市场需求而决定。

冷轧钢板分为三代产品:沸腾钢为第一代,铝镇静钢为第二代,无间隙原子钢(IF钢)为第三代。

(4) 冷轧优质薄钢板。

主要包括各种优质钢冷轧薄板,最常用的是碳素结构钢板,尤其是深冲压用冷轧薄钢板,是由低碳优质钢08Al冷轧的薄板,钢板按表面质量分为三组;Ⅰ、Ⅱ、Ⅲ,分别表示特别高级、高级、较高的精整表面,按拉延级别分为ZF、HF、F级(代表用于冲制拉延最复杂、很复杂、复杂的零件),根据钢板厚度允许偏差,又分为A、B两级精度,广泛用于汽车、拖拉机工业。

5.1.5 镀层薄板

为了提高钢板的耐蚀能力,而在钢板表面镀有其他金属或非金属覆盖层的钢板,如镀锌钢板、镀铅钢板、镀锡钢板、塑料复合钢板统称为镀层钢板。镀层钢板都是薄钢板。

(1) 镀锌薄钢板。

镀锌薄钢板也叫镀锌铁皮或白铁皮,它是将0.25~2.50mm的冷轧薄钢板经过酸洗,再放到熔化的锌液里镀上薄层锌制成。钢板表面有明显的像鱼鳞或树叶的结晶花纹,由于有锌层,可以保护钢板不致被空气和水等锈蚀。镀锌板大量用于建筑、包装和日常生活等方面,如铺盖屋顶、制作天沟、落水管、通风管道及生活用具等。镀锌薄钢板主要要求有良好的镀锌层质量,一面的镀锌层厚度应不小于0.2mm,并要求钢板的塑性和镀锌层强度,镀锌薄板分热镀锌和电镀锌两种。

(2) 热镀锌钢板。

热镀锌钢板是将薄钢板浸入熔解的锌槽中,使其表面粘附一层锌的薄钢板。目前主要采用连续镀锌工艺生产,即把成卷的钢板连续浸在熔解有锌的镀槽中制成镀锌钢板;热镀锌板的锌层较厚,适宜用来制备防腐性较高,装饰性要求不太高的预涂卷材,如外墙板、屋面板、车库门等。热镀锌钢板主要用于建筑、家电、汽车、机械、电子、轻工等行业。

热镀锌按退火方式的不同可分为线内退火和线外退火两种类型,又分别叫做保护气体法和熔剂法。热镀锌钢板的常用钢种有:一般商品卷(CQ)、结构用镀锌板(HSLA)、深冲热镀锌板(DDQ)、烘烤硬化热镀锌板(BH)、双相钢(DP)、TRIP钢(相变诱导塑性钢)等。

(3) 合金化镀锌钢板。

这种钢板也是用热浸法制造，但在出槽后，立即把它加热到500℃左右，使其生成锌和铁的合金薄膜。这种镀锌板具有良好的涂料的密着性和焊接性。

(4) 电镀锌钢板。

电镀锌是一种将被镀材料低碳钢作为阴极，锌板作为阳极，通以电流进行镀锌的方法。此法与热浸镀锌不同，没有镀锌钢板所独特的闪灿花纹。镀层表面由于形成具有适当粗糙度的平滑面，所以有良好的涂漆性能。电镀锌时温度低，所以能得到单纯的锌层，而不形成锌铁合金层，耐蚀性比较好。由于在低碳钢表面存在着镀锌层，与同类低碳钢相比，压延性好。

另一方面，电镀锌时由于电流密度不能太高，与热浸镀锌相比，增厚镀层时耗费时间较多，因而生产效率低，成本高。而其优点是当镀层薄时，用简单的操作就很容易得到所要求的镀层厚度。一般当要求镀层厚度为热浸镀锌法的几分之一时较适用。

(5) 热镀锌合金钢板。

通常所说的合金化镀锌板，是指表面镀层为 Zn—Fe 合金的钢板。其生产过程是通过对热浸镀锌后的钢板进行加热退火，使其表面的镀层在510～560℃继续进行 Zn—Fe 的扩散反应，直至镀层表面的纯锌层消失，完全转化为 δ_1 相的 Zn—Fe 合金层。

为了获得合金化镀锌表面的产品，采用赛拉斯扩散退火炉，它位于冷却塔侧面，可以移动，当需要生产合金化热镀锌板时，炉子向锌锅上方移动，将镀锌带钢纳入炉体，用燃气烧嘴对镀锌带钢的正反面进行加热，使其温度达到560℃，然后镀层在由560℃自然冷却到510℃的过程中实现纯锌层向 δ_1 相的扩散转化。另外也可以采用电感应加热炉。

严格说来，合金化镀锌板已经不是镀锌钢板，而是一种被覆了一层铁锌合金（$FeZn_7$）的钢板。表面的锌已经完全转化为 δ_1 相的铁锌合金层，它所形成的是有一定粗糙度而无光泽的表面。与一般的镀锌钢板相比，它的表面性能发生了变化。

(6) 镀铅薄钢板。

通常是用08Al的冷轧薄板经过镀铅制成，铅实际是铅、锑合金，由于铅在很多介质中，特别是含 H_2S、SO_2 等石油产品中，有很好的耐腐蚀性能。因而，镀铅薄钢板常用制造汽车油箱和贮油容器。镀铅薄钢板常用厚度为0.5～1.8mm。要求保证表面质量、冲压性能等。

(7) 镀锡薄钢板。

镀锡薄钢板俗称"马口铁"，通常用08F等冷轧低碳薄钢板通过热镀或电镀锡制成0.15～0.50mm薄钢板。由于镀锡层对空气，特别是对各种食品有较高的耐蚀能力，特别是锡和食品形成锡化物，一般都是无毒的，对人体无害。锡板表面光亮、美观，并容易进行涂饰和印刷。因而广泛用于制作食品、糖果、茶叶、调味品及涂料、染料、医药等包装容器。马口铁厚度计算方法与其他薄板不同，它的厚度用标号表示，即以一定范围平均厚度的毫米数乘以100来表示，如40号代表厚度，是0.36～0.44mm范围马口铁。马口铁板面尺寸一般是508mm×712mm（相当于20英寸×38英寸），26、28、32号每112块装一箱，36、45、50号的每箱56块或84块装一箱。对马口铁主要要求是镀锡层要均匀，有良好的冲压成型性能。除上述几种镀层板外，还有镀铝、镀铬以及有机涂层钢板等发展也很快。

5.2 钢带

钢带也称为带钢，实际上是较薄、较窄而长度很长的钢板，通常成卷供应。与钢板相比，具有尺寸精度高、表面质量好和便于使用等优点，广泛用作生产焊接钢管、冷弯型钢坯料。用作制造自行车车架、轮圈、卡箍、垫圈、弹簧片、电缆铠装、锯条、刀片、打包钢带等。钢带分类和薄钢板相似，分热轧普通钢带、冷轧普通钢带、热轧优质钢带、冷轧优质钢带等。

5.2.1 热轧普通钢带

由普通碳素结构钢或低合金结构钢热轧制成，主要用作焊管、冷弯型钢坯料及冷轧带钢原料。分普通碳素钢带、低合金钢带、普通碳素纵剪钢带、低合金纵剪钢带。纵剪钢带是由卷板沿纵向切割或一定宽度制成。

5.2.2 冷轧普通钢带

由普通钢冷轧制成。包括普通碳素钢带、低合金钢带、普通碳素光亮钢带、普通碳素纵剪钢带、低合金纵剪钢带、手推车钢带、打包钢带、手电筒钢带、软管钢带、电缆钢带。主要用作各种结构件及专用产品生产。

5.2.3 热轧优质钢带

由各种优质钢经热轧制成的钢带。其中常用的有钟表弹簧钢带、手表壳钢带、铬铝钢带等。

5.2.4 冷轧优质钢带

由各种优质钢冷轧制成，有碳素结构钢带、卷尺钢带、机械链条钢带、碳素工具钢带、合金结构钢带、弹簧钢带、合金工具钢带、滚珠轴承钢带、不锈钢带、高速工具钢带、纯铁钢带、硅钢钢带、镍铬钢带、精密合金钢带等。用途和优质薄钢板用途类似。

5.2.5 镀涂钢带

有镀锌带、镀锡带、镀锌电缆带、镀锡电缆带、涂漆电缆带。

钢带尺寸是用厚度×宽度表示，钢带尺寸精度要求更高些，尤其冷轧钢带按制造精度、边缘状态、表面状态、交货状态、力学性能及表面颜色等分为很多类，使用时按要求认真查阅有关规定。

6 结构用钢管

6.1 钢管外形尺寸、术语

6.1.1 公称尺寸和实际尺寸

(1) 公称尺寸。是标准中规定的名义尺寸，是用户和生产企业希望得到的理想尺寸，也是合同中注明的订货尺寸。

(2) 实际尺寸。是生产过程中所得到的实际尺寸，该尺寸往往大于或小于公称尺寸。这种大于或小于公称尺寸的现象称为偏差。

6.1.2 偏差和公差

(1) 偏差。在生产过程中，由于实际尺寸难于达到公称尺寸要求，即往往大于或小于公称尺寸，所以标准中规定了实际尺寸与公称尺寸之间允许有一差值。差值为正值的叫正偏差，差值为负值的叫负偏差。

(2) 公差。标准中规定的正、负偏差值绝对值之和叫做公差，亦称为"公差带"。

偏差是有方向性的，即以"正"或"负"表示；公差是没有方向性的，因此，把偏差值称为"正公差"或"负公差"的叫法是错误的。

6.1.3 交货长度

交货长度又称用户要求长度或合同长度。标准中对交货长度有以下几种规定：

(1) 通常长度（又称非定尺长度）。

凡长度在标准规定的长度范围内，而且无固定长度要求的，均称为通常长度。例如，结构管标准规定：热轧（挤压、扩）钢管3000~12000mm；冷拔（轧）钢管2000~10500mm。

(2) 定尺长度。

定尺长度应在通常长度范围内，是合同中要求的某一固定长度尺寸。但实际操作中都切出绝对定尺长度是不大可能的，因此标准中对定尺长度规定了允许的正偏差值。结构管标准为：生产定尺长度管比通常长度管的成材率下降幅度较大，生产企业提出加价要求是合理的。加价幅度各企业不尽一致，一般为基价基础上加价10%左右。

(3) 倍尺长度。

倍尺长度应在通常长度范围内，合同中应注明单倍尺长度及构成总长度的倍数（例如，3000mm×3，即3000mm的3倍数，总长为9000mm）。实际操作中，应在总长度的基础上加上允许正偏差20mm，再加上每个单倍尺长度应留切口余量。以结构管为例，规定留切口余量：外径不大于159mm的为5~10mm；外径大于159mm的为10~15mm。

若国家标准中无倍尺长度偏差及切割余量规定时，应由供需双方协商并在合同中注明。倍尺长度同定尺长度一样，会给生产企业带来成材率大幅度降低，因此生产企业提出加价是合理的,其加价幅度同定尺长度加价幅度基本相同。

(4) 范围长度。

范围长度在通常长度范围内,当用户要求其中某一固定范围长度时,需在合同中注明。

例如:通常长度为 3000~12000mm,而范围定尺长度为 6000~8000mm 或 8000~10000mm。可见,范围长度比定尺和倍尺长度要求宽松,但比通常长度严很多,也会给生产企业带来成材率的降低。因此生产企业提出加价是有道理的,其加价幅度一般在基价上加价 4% 左右。

6.1.4　壁厚不均

钢管壁厚不可能各处相同,在其横截面及纵向管体上客观存在壁厚不等现象,即壁厚不均。为了控制这种不均匀性,在有的钢管标准中规定了壁厚不均的允许指标,一般规定不超过壁厚公差的 80%(经供需双方协商后执行)。

6.1.5　椭圆度

在圆形钢管的横截面上存在着外径不等的现象,即存在着不一定互相垂直的最大外径和最小外径,则最大外径与最小外径之差即为椭圆度(或不圆度)。为了控制椭圆度,有的钢管标准中规定了椭圆度的允许指标,一般规定为不超过外径公差的 80%(经供需双方协商后执行)。

6.1.6　弯曲度

钢管在长度方向上呈曲线状,用数字表示出其曲线度即称为弯曲度。标准中规定的弯曲度一般分为如下两种:

(1) 局部弯曲度。

用 1m 长直尺靠量在钢管的最大弯曲处,测其弦高(mm),即为局部弯曲度数值,其单位为 mm/m,表示方法如 2.5mm/m。此种方法也适用于管端部弯曲度。

(2) 全长总弯曲度。

用一根细绳,从管的两端拉紧,测量钢管弯曲处最大弦高(mm),然后换算成长度(以米计)的百分数,即为钢管长度方向的全长弯曲度。

例如:钢管长度为 8m,测得最大弦高 30mm,则该管全长弯曲度应为:

$$0.03 \div 8m \times 100\% = 0.375\%$$

6.1.7　尺寸超差

尺寸超差或叫做尺寸超出标准的允许偏差。此处的"尺寸"主要指钢管的外径和壁厚。通常有人把尺寸超差习惯叫做"公差出格",这种把偏差和公差等同起来的叫法是不严密的,应叫做"偏差出格"。此处的偏差可能是"正"的,也可能是"负"的,很少在同一批钢管中出现"正"、"负"偏差均出格的现象。

6.2 结构用钢管的分类

结构用钢管如图 6-1 所示。

(1) 无缝钢管的制造工艺分为：热轧（挤压）、冷轧（拔）、热扩钢管等。

(2) 焊管按照制造工艺分为：直缝焊接钢管、埋弧焊接钢管、板卷对接焊钢管、焊管热扩钢管。

(3) 按照钢管的形状分为：方形管、矩形管、八角形、六角形、D形、五角形等异形钢管及复杂断面钢管、双凹型钢管、五瓣梅花形钢管、圆锥形钢管、波纹形钢管、瓜子形钢管、双凸形钢管等。

(4) 按用途分为：管道用钢管、热工设备用钢管、机械工业用钢管、石油工业用钢管、地质钻探用钢管、容器用钢管、化学工业用钢管、特殊用途钢管、其他钢管。

图 6-1 钢管

6.3 钢管的力学性能

钢材力学性能是保证钢材最终使用性能（机械性能）的重要指标，它取决于钢的化学成分和热处理制度。在钢管标准中，根据不同的使用要求，规定了拉伸性能（抗拉强度、屈服强度或屈服点、伸长率）以及硬度、韧性指标，还有用户要求的高、低温性能等。

1. 抗拉强度（σ_b）

试样在拉伸过程中，在拉断时所承受的最大力（F_b），除以试样原横截面积（S_o）所得的应力（σ），称为抗拉强度（σ_b），单位为 N/mm²（MPa）。它表示金属材料在拉力作用下抵抗破坏的最大能力。

2. 屈服点（σ_s）

具有屈服现象的金属材料，试样在拉伸过程中力不增加（保持恒定）仍能继续伸长时的应力，称为屈服点。若力发生下降时，则应区分上、下屈服点。屈服点的单位为 N/mm²（MPa）。上屈服点（σ_{su}）：试样发生屈服而力首次下降前的最大应力；下屈服点（σ_{sl}）：当不计初始瞬时效应时，屈服阶段中的最小应力。

3. 断后伸长率（σ）

在拉伸试验中，试样拉断后其标距所增加的长度与原标距长度的百分比，称为伸长率。以 σ 表示，单位为%。

4. 断面收缩率（ψ）

在拉伸试验中，试样拉断后其缩径处横截面积的最大缩减量与原始横截面积的百分比，称为断面收缩率。以 ψ 表示，单位为%。

5. 硬度指标

金属材料抵抗硬的物体压陷表面的能力，称为硬度。根据试验方法和适用范围不同，

硬度又可分为布氏硬度、洛氏硬度、维氏硬度、肖氏硬度、显微硬度和高温硬度等。对于管材一般常用的有布氏、洛氏、维氏硬度三种

(1) 布氏硬度（HB）。

用一定直径的钢球或硬质合金球，以规定的试验力（F）压入式样表面，经规定保持时间后卸除试验力，测量试样表面的压痕直径（L）。布氏硬度值是以试验力除以压痕球形表面积所得的商。以 HBS（钢球）表示，单位为 N/mm^2（MPa）。

测定布氏硬度较准确可靠，但一般 HBS 只适用于 $450N/mm^2$（MPa）以下的金属材料，对于较硬的钢或较薄的板材不适用。在钢管标准中，布氏硬度用途最广，往往以压痕直径 d 来表示该材料的硬度，既直观，又方便。

(2) 洛氏硬度（HR）

洛氏硬度试验同布氏硬度试验一样，都是压痕试验方法。不同的是，它是测量压痕的深度。即，在初始试验力（F_0）及总试验力（F）的先后作用下，将压头（金合钢圆锥体或钢球）压入试样表面，经规定保持时间后，卸除主试验力，用测量的残余压痕深度增量（e）计算硬度值。其值是个无名数，以符号 HR 表示，所用标尺有 A、B、C、D、E、F、G、H、K 等 9 个标尺。其中常用于钢材硬度试验的标尺一般为 A、B、C，即 HRA、HRB、HRC。

6.4 结构用钢管的执行标准

(1) 国标《低中压锅炉用无缝钢管》GB 3087—2008 实施，而《低中压锅炉用无缝钢管》GB 3087—1999 作废。

新标准增加了订货内容、修改了尺寸允许偏差；增加了全长弯曲度要求；增加了端口切斜要求；取消了标记示例；修改了钢的冶炼方法；修改了钢管的交货状态规定；增加了热扩钢管的具体制造方法规定；修改了钢管的力学性能规定；增加了钢管压扁试验试样 6 点（底）和 12 点（顶）位置处的判定规则；取消了卷边试验要求；修改了探伤代替液压试验的检验要求。

(2) 国标《高压锅炉用无缝钢管》GB 5310—2008，而 GB 5310—1995 作废。

新标准增加了分类、代号，取消了尺寸规格表；增加了按最小壁厚或公称内径的尺寸交货方式；修改了钢管的尺寸允许偏差；删除了标记示例；增加了 10 个钢牌号，删除了 1 个钢牌号；修改了钢的化学成分、钢的冶炼方法；修改了钢管的力学性能、热处理制度、压扁试验方法及要求、钢管的扩口试验要求；修改了钢管的非金属夹杂物、晶粒度、显微组织和脱碳层要求；修改了钢管的无损探伤检验验收等级；修改了钢管的拉伸、冲击试验的试样要求、高温力学性能；增加了钢管的弯曲试验要求及其试验方法；增加了钢管晶间腐蚀实验要求。

(3) 进口锅炉钢管的化学成分检验，应按合同规定的有关标准进行。

按国内标准生产的无缝钢管品种、国内常用牌号（钢级）及相应品种的常用国外标准见 6-1。

国内常用牌号（钢级）及相应品种的常用国外标准　　　　　　表 6-1

品种	标准	常用牌号	常用国外标准
结构用无缝钢管	GB/T 8162—2008	10、20、35、45、40Mn2、45Mn2、27SiMn、20Cr、40Cr、20CrMo、35CrMo、38CrMoA1、50CrV、30CrMnSi ASTM A500-98	ASTM A501-98 ASTN A519-98 JIS G3441-1994
输送流体用无缝钢管	GB/T 8163—2008	10#、20#、Q295、Q345	ASTM A53-98 ASTM A192 ASME S192 JIS G3452-1998 FIS G3454-1998 DIN 1629-1984
油井用油管、接箍料管、管线钢管	API SPEC 5CT APE SPEC 5L	J55、N80 A、B、X42	API
高压锅炉用无缝钢管	GB 5310—2008	20G、20MnG、25MnG、15MoG、20MoG、12Cr1MoVG、15CrMoVG、12Cr2MoG、12Cr2MoWVTiB、12Cr3MoVSiTiB	ASTM A106-96a、ASTM A210C、ATSM A213-95a JIS G3461-1988 JIS G3462-1998 DIN 17175-1979 BS3059：Part 2：1990
低中压锅炉用无缝钢管	GB 3087—2008	10#、20#	ASTM A179，ASTM A192 ASTM SA179，SA192，BS3059
石油裂化用无缝钢管	GB 9948—2006	10#、20#、12CrMo、15CrMo、1Cr2Mo、1Cr5Mo	JIS G3441-1988
液压支柱用热轧无缝钢管	Q/OHAD010—1998 GB/T 17398—1998	27SiMn	
冷拔精密无缝钢管	GB/T 3639—2009	10#、20#、35#、45#、30CrMo	
顶杆用无缝钢管	Q/OHAD003-94	1CrMo	
带肋钢筋连接套筒用无缝钢管	Q/OHAD011-1997a	10#、20	

6.5　焊接钢管

焊接钢管也称为焊管，是用钢板或钢带经过卷曲成型后焊接制成的钢管（图 6-2）。

焊接钢管生产工艺简单，生产效率高，品种规格多，设备投资少，但一般强度低于无缝钢管。20 世纪 30 年代以来，随着优质带钢连轧生产的迅速发

图 6-2　焊接钢管

展以及焊接和检验技术的进步，焊缝质量不断提高，焊接钢管的品种、规格日益增多，并在越来越多的领域代替了无缝钢管。焊接钢管按焊缝的形式分为直缝焊管和螺旋焊管。

6.5.1　直缝焊管

直缝焊管生产工艺简单，生产效率高，成本低，发展较快。螺旋焊管的强度一般比直

缝焊管高，能用较窄的坯料生产管径较大的焊管，还可以用同样宽度的坯料生产管径不同的焊管。但是与相同长度的直缝管相比，焊缝长度增加30%～100%，而且生产速度较低。

因此，较小口径的焊管大都采用直缝焊，大口径焊管则大多采用螺旋焊。

6.5.2　一般焊管

（1）低压流体输送用焊接钢管（GB/T 3091—2008）也称为一般焊管，俗称做黑管。是用于输送水、煤气、空气、油和取暖蒸汽等一般较低压力流体和其他用途的焊接钢管。钢管接壁厚分为普通钢管和加厚钢管；接管端形式分为不带螺纹钢管（光管）和带螺纹钢管。钢管的规格用公称口径（mm）表示，公称口径是内径的近似值。习惯上常用英寸表示，如11/2等。低压流体输送用焊接钢管除直接用于输送流体外，还大量用作低压流体输送用镀锌焊接钢管的原管。

（2）低压流体输送用镀锌焊接钢管（GB/T 3091—2008），也称为镀锌电焊钢管，俗称白管。是用于输送水、煤气、空气、油及取暖蒸汽、热水等一般较低压力流体或其他用途的热浸镀锌焊接（炉焊或电焊）钢管。钢管接壁厚分为普通镀锌钢管和加厚镀锌钢管；接管端形式分为不带螺纹镀锌钢管和带螺纹镀锌钢管。钢管的规格用公称口径（mm）表示，公称口径是内径的近似值。

（3）普通碳素钢电线套管（YB/T 5305—2008），是工业与民用建筑、安装机器设备等电气安装工程中用于保护电线的钢。

（4）直缝电焊钢管（GB/T 14291—2006），是焊缝与钢管纵向平行的钢管。通常分为公制电焊钢管、电焊薄壁管、变压器冷却油管等。

（5）承压流体输送用螺旋缝埋弧焊钢管（SY 5036—83），是以热轧钢带卷作管坯，经常温螺旋成型，用双面埋弧焊法焊接，用于承压流体输送的螺旋缝钢管。钢管承压能力强，焊接性能好，经过各种严格的科学检验和测试，使用安全可靠。钢管口径大，输送效率高，并可节约铺设管线的投资。主要用于输送石油、天然气的管线。

（6）承压流体输送用螺旋缝高频焊钢管（SY/T 5038—1992），是以热轧钢带卷作管坯，经常温螺旋成型，采用高频搭接焊法焊接的，用于承压流体输送的螺旋缝高频焊钢管。钢管承压能力强，塑性好，便于焊接和加工成型；经过各种严格检验和测试，使用安全可靠，钢管口径大，输送效率高，并可节省铺设管线的投资。主要用于铺设输送石油、天然气等的管线。

（7）一般低压流体输送用螺旋缝高频焊钢管（SY 5039—83），是以热轧钢带卷作管坯，经常温螺旋成型，采用高频搭接焊法焊接，用于一般低压流体输送用螺旋缝高频焊钢管。

（8）桩用螺旋焊缝钢管（SY/T 5040—2000），是以热轧钢带卷作管坯，经常温螺旋成型，采用双面埋弧焊接或高频焊接制成的，用于土木建筑结构、码头、桥梁等基础桩用钢管。

6.6　无缝钢管

无缝钢管是一种具有中空截面、周边没有接缝的长条钢材。钢管具有中空截面，大量用作输送流体的管道，如输送石油、天然气、煤气、水及某些固体物料的管道等。钢管与圆钢等实心钢材相比,在抗弯抗扭强度相同时,重量较轻,是一种经济截面钢材,广泛用于制造结构件和机械零件,如石油钻杆、汽车传动轴、自行车架以及建筑施工中用的钢脚手架等。用钢管制造环形零件,可提高材料利用率,简化制造工序,节约材料和加工工时,如滚动轴承套圈、千斤顶套等,目前已广泛用钢管来制造。钢管还是各种常规武器不可缺少的材料,枪管、炮筒等都要用钢管制造。钢管按横截面积形状的不同可分为圆管和异形管。由于在周长相等的条件下,圆面积最大,用圆形管可以输送更多的流体。此外,圆环截面在承受内部或外部径向压力时,受力较均匀,因此,绝大多数钢管是圆管。

但是,圆管也有一定的局限性,如在受平面弯曲的条件下,圆管就不如方形、矩形管抗弯强度大,一些农机具骨架、钢木家具等就常用方形、矩形管。根据不同用途还需有其他截面形状的异形钢管。

6.6.1 无缝钢管的特点

(1) 外径更小。
(2) 精度高,可小批量生产。
(3) 冷拔成品精度高,表面质量好。
(4) 钢管横面积复杂。
(5) 钢管性能更优越,金属比较密。

6.6.2 结构用无缝钢管标准

(1) 结构用无缝钢管 (GB/T 8162—2008),是用于一般结构和机械结构的无缝钢管。

(2) 流体输送用无缝钢管 (GB/T 8163—2008),是用于输送水、油、气等流体的一般无缝钢管。

(3) 低中压锅炉用无缝钢管 (GB 3087—2008),是用于制造各种结构低中压锅炉过热蒸汽管、沸水管及机车锅炉用过热蒸汽管、大烟管、小烟管和拱砖管用的优质碳素结构钢热轧和冷拔(轧)无缝钢管。

(4) 高压锅炉用无缝钢管 (GB 5310—2008),是用于制造高压及其以上压力的水管锅炉受热面用的优质碳素钢、合金钢和不锈耐热钢无缝钢管。

(5) 化肥设备用高压无缝钢管 (GB 6479—2000),是适用于工作温度为 $-40 \sim 400$℃、工作压力为 $10 \sim 30$MPa 的化工设备和管道的优质碳素结构钢和合金钢无缝钢管。

(6) 石油裂化用无缝钢管 (GB 9948—2006),是适用于石油精炼厂的炉管、热交换器和管道无缝钢管。

(7) 地质钻探用钢管 (YB 235—70),是供地质部门进行岩心钻探使用的钢管,按用途可分为钻杆、钻铤、岩心管、套管和沉淀管等。

(8) 金刚石岩芯钻探用无缝钢管 (GB 3423—82),是用于金刚石岩芯钻探的钻杆、岩心杆、套管的无缝钢管。

(9) 石油钻探管 (YB 528—65),是用于石油钻探两端内加厚或外加厚的无缝钢管。钢管分车扣和不车扣两种,车扣管用接头连接,不车扣管用对焊的方法与工具接头连接。

(10) 船舶用碳钢无缝钢管 (GB 5213—85),是制造船舶Ⅰ级耐压管系、Ⅱ级耐压管系、锅炉及过热器用的碳素钢无缝钢管。碳素钢无缝钢管管壁工作温度不超过 450℃,合金钢无缝钢管管壁工作温度超过 450℃。

(11) 汽车半轴套管用无缝钢管（GB 3088—82），是制造汽车半轴套管及驱动桥桥壳轴管用的优质碳素结构钢和合金结构钢热轧无缝钢管。

(12) 柴油机用高压油管（GB 3093—2002），是制造柴油机喷射系统高压管用的冷拔无缝钢管。

(13) 液压和气动缸筒用精密内径无缝钢管（GB 8713—88），是制造液压和气动缸筒用的具有精密内径尺寸的冷拔或冷轧精密无缝钢管。

(14) 冷拔或冷轧精密无缝钢管（GB 3639—2000），是用于机械结构、液压设备的尺寸精度高和表面光洁度好的冷拔或冷轧精密无缝钢管。

选用精密无缝钢管制造机械结构或液压设备等，可以大大节约机械加工工时，提高材料利用率，同时有利于提高产品质量。

(15) 结构用不锈钢无缝钢管（GB/T 14975—2002），是广泛用于化工、石油、轻纺、医疗、食品、机械等工业的耐腐蚀管道和结构件及零件的不锈钢制成的热轧（挤、扩）和冷拔（轧）无缝钢管。

(16) 流体输送用不锈钢无缝钢管（GB/T 14976—2002），是用于输送流体的不锈钢制成的热轧（挤、扩）和冷拔（轧）无缝钢管。

(17) 异形无缝钢管，是除了圆管以外的其他截面形状的无缝钢管的总称。按钢管截面形状尺寸的不同又可分为等壁厚异形无缝钢管（代号为 D）、不等壁厚异形无缝钢管（代号为 BD）、变直径异形无缝钢管（代号为 BJ）。异形无缝钢管广泛用于各种结构件、工具和机械零部件。和圆管相比，异形管一般都有较大的惯性矩和截面模数，有较大的抗弯抗扭能力，可以大大减轻结构重量，节约钢材。

6.7 钢塑复合管、大口径涂敷钢管

(1) 钢塑复合管以热浸镀锌钢管作基体，经粉末熔融喷涂技术在内壁（需要时外壁亦可）涂敷塑料而成，性能优异。与镀锌管相比，具有抗腐蚀、不生锈、不积垢、光滑流畅、清洁无毒，使用寿命长等优点。据测试，钢塑复合管的使用寿命为镀锌管的三倍以上。与塑料管相比，具有机械强度高、耐压、耐热性好等优点。由于基体是钢管，所以不存在脆化、老化问题。可广泛应用于自来水、煤气、化工产品等流体输送及取暖工程，是镀锌管的升级换代产品。由于其安装使用方法与传统的镀锌管基本相同，管件形式也完全相同，而且能代替铝塑复合管在大口径自来水输送上发挥作用，深受用户欢迎，已成为管道市场最具竞争力的新产品之一。

(2) 大口径涂敷钢管是在大口径螺旋焊管和高频焊管基础上涂敷塑料而成，最大管口直径达 1200mm，可根据不同的需要涂敷聚氯乙烯（PVC）、聚乙烯（PE）、环氧树脂（EPOZY）等各种不同性能的塑料涂层，附着力好，抗腐蚀性强，可耐强酸、强碱及其他化学腐蚀，无毒、不锈蚀、耐磨、耐冲击、耐渗透性强，管道表面光滑，不粘附任何物质，能降低输送时的阻力，提高流量及输送效率，减少输送压力损失。涂层中无溶剂，无可渗出物质，因而不会污染所输送的介质，从而保证流体的纯洁度和卫生性，在 $-40\sim +80$℃范围可冷热循环交替使用，不老化、不龟裂，因而可以在寒冷地带等苛刻的环境下使用。

大口径涂敷钢管广泛应用于自来水、天然气、石油、化工、医药、通信、电力、海洋等工程领域。

7 彩色钢板

7.1 彩色钢板的分类

彩色钢板按其基板的用途不同和镀层不同，可分为若干类别，彩板的选择要对基材、镀层、涂层分别进行确定。不应简单地用"彩板"的笼统概念来指导应用和订货。彩色钢板涂层的种类不同、涂层厚度不同，对彩色钢板的寿命有着重要影响。因为根据现有的涂料和涂装技术制成的有机涂层，往往存在微小针孔，外界的水分、蒸汽、氧及各种离子均可通过针孔渗透。当渗透至钢基与涂层界面，并形成局部电池时，则使涂层钢板产生膜下腐蚀反应。腐蚀速度除了与有机涂层的物理化学性能有关外，还取决于有机涂层的抗气体、蒸汽、液体和离子的渗透性能。因此彩色涂层钢板的耐久性与钢板的镀层种类、镀层厚度、涂层的成分层次、厚度、均匀性、加工性有着合理的选配与选择关系。

7.2 彩色钢板的基材

彩色钢板在建筑中可分为建筑室外用和室内用两种。

建筑室外用彩色钢板的基材在我国分为五种：低碳钢冷轧钢带、小锌花平整钢带、大锌花平整钢带、锌铁合金钢带和电镀锌钢带。鉴于建筑应用的特点，一般不使用低碳钢冷轧钢带和电镀锌钢带作彩板的基板。

我国彩板最大的生产厂-上海宝钢集团公司，在彩色钢板的企业标准中也对基板作了较详细的规定。在该标准中分为一般用、机械咬口用、冲压用、结构用和较高强度结构用五种。

根据所选的彩色钢板的板型、连接方式和作用不同，应选用不同牌号的钢板。一般压型板或夹芯板可选用 Tst01（代号或牌号，简单产品用），需机械咬口用的可选用 Tst02（代号或牌号，机械咬口用），因连接要求和有结构需要的选用 TstE28（结构用）或 TstE34（结构用）。

彩色钢板的基材类型有冷轧钢板、电镀锌钢板、热镀锌钢板、热镀锌合金钢板。

7.3 彩色钢板镀层

彩色钢板镀层有热镀锌、热镀锌铝合金、热镀铝锌、热镀铝及电镀锌和热镀锌合金化钢板六种。

（1）热镀锌钢板：是在连续热镀锌生产线上把冷轧或热轧钢带浸入熔融的锌液中镀锌，经卷曲后以卷状供应。

（2）热镀锌铝合金钢板：是在连续热镀锌铝合金生产线上把冷轧钢带浸入熔融的锌铝合金的锌铝液中，经卷曲后以卷状供应。锌铝合金是一种含 Zn 和 5％Al 的混合稀土合金镀层。该产品是热镀锌的换代产品，镀层保持了热镀锌层的各种优点，其耐蚀性能提高了2～4倍，加工成型性能好，价格提高不多。它的裸板具有耐腐性、切边部位牺牲性保护性能、涂装后的耐蚀性和加工成型后的耐蚀性等综合性能，经比较是最理想的镀层类别。

（3）热镀铝锌合金钢板：是在连续热镀铝锌合金生产线上把冷轧钢带浸入熔融的铝锌合金的铝锌液中，经卷曲后以卷状供应。热镀铝锌合金钢板是一种含55％Al、1.5％Si、43.5％Zn合金的热浸镀层钢板产品。它兼具有镀锌和镀铝钢板的性能特点。镀锌层不仅为钢板面提供了较好的耐腐性，而且可提供一种被称为阴极保护的独特性能，其在裸露的切边处，或在镀层疵点处，通过腐蚀镀锌层来对钢板起保护作用。镀铝层可在不同的腐蚀性大气中为钢板提供更高的耐蚀性；而在大多数环境中，铝镀层不提供阴极保护，因此镀铝钢板在被划伤和切边处呈现易腐蚀现象。因此镀铝锌钢板具有镀锌钢板2～6倍的耐蚀性和抗高温氧化性。但切边牺牲性保护性能比镀锌的差，比镀铝的好。

（4）热镀铝钢板：热镀铝钢板的铝表面极易形成一层非常致密的氧化铝层，具有优异的耐大气腐蚀性能。它的氧化膜十分稳定，起隔离膜的作用。美国钢铁公司使用试验证明，其耐蚀性是热镀锌钢板的5～9倍。它还具有优良的抗硫化物腐蚀性、热反射性和高温抗氧化性。

（5）合金化处理的镀锌钢板：其表面有层较厚、致密、不溶解于水的非活性氧化膜，可阻止进一步氧化。合金层的标准电极电位介于铁与纯锌之间，比铁活泼，比纯锌迟钝，电化学腐蚀比纯锌慢。这种钢板加工性能好，有良好的可焊性。镀层表面显微特征呈凹凸不平，这些表面有良好的粘附性。

（6）电镀锌钢板：是一种电镀锌的镀层钢板产品，由于电镀锌的成本高，镀层厚度小，一般不在建筑工程中应用。

综合考虑各项的性能指标的排列顺序是：镀锌铝合金板、镀锌合金化钢板、镀锌钢板、镀铝锌钢板、电镀锌板和镀铝钢板。这种排列并不意味着镀铝锌和镀铝钢板的裸板高耐腐性能被否定，而是综合比较的结果，从而更经济合理的发挥它们的特点，国外常选择直接用不涂层的这两种钢板加工成建筑制品。使得它们的板面与切边牺牲保护性能相匹配，而且经济合理。

7.4 彩色钢板涂层

7.4.1 彩色涂层钢板种类

彩色钢板的涂层是钢板抵抗大气和环境腐蚀的重要屏障和建筑色彩艺术的重要手段，是彩色钢板能够在世界范围内大量推广应用的重要前提。当今国际上彩色钢板的涂层种类很多，选择时要根据其用途、成型工艺、使用环境介质（气候、腐蚀性或化学介质、湿度等）、预期使用寿命、成本等因素综合考虑。

（1）聚酯涂层彩板：具有良好的综合室外耐久性和涂膜性，中等程度耐化学品性能，成品中等，一般有环氧涂料底漆，有良好的附着力。

（2）有机硅改性聚酯彩板：有优良的耐久性，良好的耐化学药品性能和良好的涂膜性能，包括其涂膜的硬度、耐磨损性、耐热性。其柔韧性比聚酯彩板稍差，成本比聚酯略高。

(3) 聚偏氟乙烯彩板：具有最佳的室外耐久性、良好的柔韧性，涂料中选用耐久的颜料，可有良好的保色性能，但价格较高。可用于建筑外围护结构的屋面和墙面的压型板、金属幕墙板等。

(4) 丙烯酸涂层钢板：涂层硬度高，柔韧性略差，不如聚酯涂层，但价格相似，故该种涂层板近年发展不大。该种涂料与铝材有良好的附着力，主要用于铝板。

(5) 聚氯乙烯涂料中的塑溶胶彩板：具有很强的耐腐蚀性、附着力和柔韧性、良好的耐损性和耐化学药品性、耐油脂性和耐候性。涂层厚度可达 300μm，可表面压花，具有突出的户外使用寿命，适用于建筑外围护结构，但价格高，国内不生产。

(6) 最近国外开发了聚氨酯改性的有机硅聚酯涂料，与环氧底漆配套，其室外耐久性接近聚偏氟乙烯，但成本较低。

我国使用的国产彩色钢板大多数为聚酯漆，硅改性聚酯漆和聚偏氟乙烯也有采用，但多数为进口彩板。

7.4.2 彩色涂层钢板的常用涂料

彩色涂层钢板的常用涂料是聚酯（PE），其次还有硅改性树脂（SMP）、高耐候聚酯（HDP）、聚偏氟乙烯（PVDF）等，涂层结构分二涂一烘和二涂二烘，涂层厚度一般在表面 20~25μm，背面 8~10μm，建筑外用不应该低于表面 20μm，背面 10μm。彩色涂层钢板通常引用的标准是美国 ASTM A527（镀锌）、ASTM AT92（镀铝锌），日本 JIS G3302，欧洲 EN/0142，韩国 KS D3506，宝钢 Q/BQB420。

(1) 聚酯（PE）：附着力良好，在成型性和室外耐久性方面范围较宽，耐化学药品性中等。使用寿命 7~10 年。

(2) 硅改性树脂（SMP）：涂膜的硬度、耐磨性和耐热性良好，以及良好的外部耐久性和不粉化性，光泽保持性和柔韧性有限。使用寿命 10~15 年。

(3) 高耐候聚酯（HDP）：抗紫外线性优良，具有很高的耐久性，其主要性能介于聚酯和氟碳之间。使用寿命 10~12 年。

(4) 聚偏氟乙烯（PVDF）：具有良好的成型性和颜色保持性、优良的室外耐久性和粉化性、抗溶剂性，颜色有限。使用寿命 20~25 年。

7.5 彩色钢板的寿命

彩色钢板的使用寿命涉及彩色钢板所使用的镀层种类、镀层厚度、涂层种类、涂层厚度、生产工艺、产品质量、彩色钢板建筑制品加工的工艺、设备和成型方法、加工精度和质量管理、制品的包装、运输和保护、施工方法、操作要求及成品半成品的保护、建筑物的使用环境和周围的腐蚀介质情况等多种因素，另外，设计的合理性也是不可忽视的重要因素。因建筑使用的要求不同，对彩色钢板的寿命概念也不完全相同。为此，我们把彩色钢板在建筑上的使用寿命划分为三类（三个阶段），即：

(1) 装饰性寿命。

一些在城市中具有重要性的建筑，或一些企业的标志性建筑，都对建筑物的色彩有着较高的要求。对于有一定的色彩装饰艺术要求的建筑，彩色钢板的表面色彩出现严重老化褪色，需要进行维修着色，但一般此时彩板并未出现粉化、龟裂或脱落现象。

(2) 维修寿命。

该寿命是指当彩色钢板大面积出现漆膜严重老化、粉化和出现局部漆膜脱落和个别锈斑，需进行维修的时间。

(3) 极限使用寿命。

该寿命是指使用彩色钢板的建筑物，因使用和经营的原因，使用过程中不再维修，直到失去围护作用的时间。

第一类使用寿命，一般是彩色钢板生产厂家认可的使用寿命，是彩色钢板生产厂家介绍产品性能特点的应用年限，这个寿命往往偏于保守。

第二类使用寿命，是彩色钢板建筑制品的生产厂家在第一类使用寿命的基础上，根据彩板建筑制品应用实例而预测的实用性年限。这个年限往往偏于高限。

第三类使用寿命，多是用户经营期满，或老建筑物不需再维修时的寿命，可作为用户估计投资和概算决策时参考使用。

7.6 彩色钢板的重量

彩色钢板是一种复合材料，它是由钢板、镀层、涂层三部分组成。但是由于钢材的密度很大，往往容易忽略相对很薄的镀层和涂层。鉴于彩色钢板的基材是1mm左右的薄板，镀层和涂层的合计重量可达到基材的5%左右，为此应重视彩色钢板的重量计算，以便有准确的备料量和工程投资。正确的计算方法是：彩板重量＝钢板重量＋镀层重量＋涂层重量。

7.7 彩色钢板的厚度

彩色钢板的厚度有标称厚度和实际厚度两种：

(1) 彩色钢板的标称厚度。

是用来设计标注和订货时使用的。标称厚度是指涂层和镀锌前的原板厚度。标称厚度是用来确定彩色钢板建筑制品的结构力学性能的重要参数。用来选择制品支承跨度，或根据确定的支承跨度来选定彩色钢板的标称厚度。

(2) 彩色钢板的实际厚度。是指包括镀锌和涂层的总厚度。这个厚度只是用来测定彩板的镀层和涂层厚度使用。

在设计、订货和施工验收时均应以标称厚度为准。避免个别制品厂以总厚度代表标称厚度的现象产生。目前我国能供应市场的彩板厚度为0.5～2.0mm。

7.8 彩色钢板的宽度

彩色钢板宽度一般为700～1550mm，常用宽度为1000mm和1200mm。彩色钢板的标准宽度是确定经济合理的成型设备的基础。非标宽度尽管可以供应，但是会出现原材料价上扬和供货周期过长的现象。因此购置彩钢建筑制品成型设备时应充分考虑原材料宽度的合理选择。

7.9 彩色钢板的检验

彩色钢板作为建筑制品用的原材料，应具备出厂合格证、产品质量证明书，证明书中应注有产品标准号、钢板牌号、镀锌量、表面结构、表面处理、规格尺寸和外形精度等。

彩色钢板（钢带）的性能应符合 GB/T 12754—2006 中的规定。彩色钢板出厂前由供应部门进行检验。当使用中发生质量问题需进行检验时，按照国标中的涂层厚度测量法、涂层 60°镜面光泽试验方法、涂层铅笔硬度试验方法、弯曲试验方法、冲击试验方法、盐水喷雾试验法等补充进行检验。

对进口彩色钢板应由国家商检部门进行检验，检验结果除应符合进口国的规定外，还应符合我国的标准规定。

7.10 单层彩色钢板压型板

彩色压型钢板又称为彩色涂层压型钢板，可由彩色涂层钢板辊压加工成纵断面呈"V"形或"U"形及其他类型而制得，也可由镀锌钢板经成型机轧制，并涂敷各种耐腐蚀涂层与彩色烤漆而制成的轻型围护结构材料，用来做工业与民用建筑物的屋面、墙面和装饰工程。用彩色压型钢板与H型钢、冷弯型材等各种经济断面型材的钢结构配合建造房屋，已发展成为一种完整的、成熟的建筑体系，它使钢结构的重量大大减轻。某些以彩色涂层压型钢板为围护结构的全钢结构的用钢量已降低到接近或甚至低于钢筋混凝土结构的用钢量，充分显示出这一建筑体系的综合经济效益。其特点：

（1）自重轻。彩色压型钢板的自重每平方米只有 7～13kg。

（2）建设周期短。在现场施工地基基础的同时，可在工厂同步加工彩色涂层压型板和钢结构，待基础工程完工后，即可进行上部工程的安装作业。

（3）彩色涂层压型钢板与钢结构的安装均为干法作业，文明施工，生产效率高，劳动强度小。

（4）建筑构造节点标准化，设计工作量减少，容易保证工程质量。

（5）抗震性能优越，适宜于地震区建筑。

（6）由于标准化生产，产品尺寸准确，波纹平直坚挺，色彩鲜艳丰富，可赋予建筑物以特殊的艺术表现力。

彩色压型钢板是以镀锌钢板为基材，经成型机轧制，并涂敷各种耐腐蚀涂层与彩色烤漆而制成的轻型围护结构材料。这种钢板具有质量轻、抗震性好、耐久性强、色彩鲜艳、易加工以及施工方便等优点。适用于作工业与民用及公共建筑的屋盖、墙板及墙壁装贴等。

压型钢板的规格见表 7-1，压型钢板板型如图 7-1 所示。

压型钢板的规格 表7-1

压型钢板	板宽(mm)	板厚(mm)	波高(mm)	波距(mm)
W_{550}	550	0.8	130	275
V_{115N}	677	0.5～0.6	35	115
KP-1	650	1.2	25	90

W_{550}板型

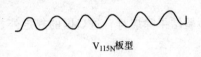

V_{115N}板型

KP-1板型

图7-1 压型钢板板型

上海宝钢初轧厂生产的压型钢板板型有四种：

(1) W_{550}型，材质为C.G.S.S；
(2) V_{115N}型，材质为C.G.S.S及C.A.A.S.S；
(3) 波形镀锌合金板（KP-1）；
(4) 强化C.G.S.S板型有W_{550}及V_{115N}。

其中：

C.G.S.S为彩色涂锌钢板（Coloured Galvanieed steel sheet）。

C.A.A.S.S为彩色石棉沥青钢板（Coloured Asbestos AsPhalt steelsheet）。

KP-1为加厚镀锌合金压型板（Keystone plate）。

压型钢板是由异形彩色镀锌钢板，单向螺栓等零配件及防水嵌缝胶泥组合而成。

各种压型钢板的规格特征见表7-2。

各种压型钢板的规格特征 表7-2

板材名称	材质与标准	板厚	涂层特征	应用部位
C.G.S.S	镀锌钢板日本标准（JISG 3302）	0.8	上下涂丙烯酸树脂涂料，外表面深绿色，内表面淡绿色烤漆	屋面 W550板
		0.5 0.6	上下涂丙烯酸树脂涂料，外表面深绿色，内表面淡绿色烤漆	墙面 V115N板
C.A.A.S.S	镀锌钢板日本标准（JISG 314）锌附着重20g/m²	0.5	化合处理层加高性能结合层加石棉绝缘层加合成树脂层，两面彩色烤漆	屋脊屋面墙壁接头异形板
强化C.G.S.S	日本标准(JISG 3302)	0.8	在C.G.S.S图层中加玻璃纤维，两面彩色烤漆	特殊屋面墙面
镀锌板KP-1	日本标准(JISG 3352)	1.2	锌合金涂层	特殊辅助建筑用板

7.11 彩色钢板夹芯板

7.11.1 夹芯板概述

夹芯板产品是由两层成型金属面板（或其他材料面板）和直接在面板中间发泡、熟化成型的高分子隔热内芯组成（图7-2）。这些夹芯板成品便于安装、轻质、高效。填充系统使用的是闭泡分子结构，可以杜绝水汽的凝结。外层钢板的成型充分考虑了结构和强度要求，并兼顾美观，内面层成型为平板以适应各种需要。

图7-2 夹芯板

(1) 夹芯板就芯材来分有七种：

1）聚苯夹芯板，即 EPS 夹芯板（目前市场上，应用最为广泛的品种）。

2）挤塑聚苯乙烯夹芯板，即 XPS 夹芯板。

3）硬质聚氨酯夹芯板，即 PU 夹芯板。

4）三聚酯夹芯板，即 PIR 夹芯板。

5）酚醛夹芯板即 PF 夹芯板。

6）岩棉夹芯板即 RW 夹芯板。

7）泡沫金属夹芯板。

(2) 按面板来分有两种：金属面板与非金属面板两种。金属面板易加工，可以做成各种形状，但有些场合非金属面板有着金属面板所不及的作用，如耐腐蚀、耐撞击方面等。

7.11.2 夹芯板的特性

(1) 质量轻。每平方米重量低于 24kg，可以充分减少结构重量。

(2) 安装快捷。自重轻，插接、安装及可以随意切割的特点，决定其安装的简便，可提高效益，节省工期。

(3) 防火。彩钢复合加芯板的面质材料及保温材料为非燃或难燃材料，能够满足防火规范要求。

(4) 耐久。经特殊涂层处理的彩色钢板保新达 10～15 年，以后每隔十年喷涂防腐涂料，板材寿命达 35 年以上。

(5) 美观。压型钢板清晰的线条多，达几十种的颜色，可配合任何风格的建筑物的需要。

(6) 保温隔热。常用保温材料有岩棉，玻璃纤维棉，聚苯乙烯，聚氨酯等，导热系数低，具有良好的保温隔热效果。

(7) 环保防噪声。复合板隔声强度可达 40～50dB，是十分有效的隔声材料。

(8) 可塑性强。压型钢板可以任意切割，能够满足特殊设计的需要。

(9) 高强度。采用高强度钢板为基材，抗张拉强度达 5600kg/cm^2，再加上最先进的设计与辊压成型，具有极佳的结构特性。

7.11.3 夹芯板的应用

夹芯板用于大型工业厂房，仓库，体育馆，超市，医院，冷库，活动房，建筑物加层，洁净车间以及需保温隔热防火的场所。夹芯板外形美观，色泽艳丽，整体效果好，它集承重、保温、防火、防水于一体，且无需二次装修，是一种用途广泛，特别是用于建筑工地的临时设施，如办公室、仓库、围墙等，更体现了现代施工工地的文明施工，尤其在快速安装投入使用方面，在可装可拆、材料的周转复用指数方面，都有明显优势，较大幅度降低建筑工地临时设施费用，将是不可缺少的新型轻质建筑材料。

7.11.4 酚醛彩钢夹芯板

酚醛彩钢夹芯板（英文名：phenolic foam color steel laminboard）是以彩色钢板为面材，以酚醛泡沫为芯材的复合板材。具有防火性好、保温性好、隔热性好、隔声性好、承载力强、轻质环保、经济美观、施工快捷等优点。适用于临建房屋、钢结构、洁净室、冷库等建筑的外墙体、内隔墙以及大型烘烤设备的箱体（图7-3）。

酚醛彩钢夹芯板可以广泛用于大型工业厂房，仓库，体育馆，超市，医院，冷库，活动房，建筑物加层，洁净车间以及需保温隔热防火的场所。夹芯板外形美观，色泽艳丽，整体效果好，它集承重、保温、防火、防水于一体，且无需二次装修，安装快捷方便，施工周期短，综合效益好，是一种用途广泛，极具潜力的高效环保建材。

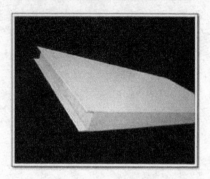

图7-3 酚醛彩钢夹芯板

酚醛彩钢夹芯板与相关产品的对比见表7-3。

保温性能对比表   表7-3

材料名称	导热系数[W/(m·k)]	容重(kg/m³)	节能保温	最高工作温度(℃)
酚醛泡沫	0.02～0.036	40～80	极佳	180
聚氨酯	0.022～0.036	25～35	极佳	110
聚苯乙烯	0.033～0.045	25～50	一般	60
岩棉板	0.042～0.064	40～60	差	500

从表7-3中可以看出，酚醛泡沫塑料具有跟聚氨酯一样优良的保温性能。32mm厚的酚醛泡沫的保温性能相当于30mm的聚氨酯、40mm的聚苯乙烯、800mm厚普通砖墙的保温效果。酚醛泡沫塑料具有很好的燃烧性能。具有防止火焰扩散的能力，即绝热材料局部一旦产生火焰，火焰将不扩散而自行熄灭。

目前，彩钢夹芯板使用的板芯主要有酚醛泡沫、聚苯、挤塑聚苯乙烯、硬质聚氨酯、三聚酯和岩棉等，而酚醛泡沫具有优异的防火保温性能，是其他材料无法替代的，例如：酚醛泡沫的保温效果是聚苯乙烯的2倍多，防火性能上也比聚氨酯要高，聚氨酯燃烧时会释放含氰化氢的浓烟。

7.12 彩色钢板围护结构配件

7.12.1 连接件

（1）结构连接件：主要是将围护板材与承重构件固定并形成整体的部件，如自攻螺钉、固定支架、固定挂件、开花螺栓。

(2) 构造连接件：主要是将各种用途的彩板连成整体的部件，如拉铆钉、自攻螺钉、膨胀螺栓。

7.12.2 连接件的种类

(1) 自攻螺钉：主要用于压型钢板、夹芯板、异形板等与檩条、墙梁或固定支架的连接固定，分为自攻自钻螺钉和打孔自攻螺钉。前者防水性能及施工要求均优于后者，目前工程上较多采用。

(2) 拉铆钉：主要用于压型钢板之间、异形板之间以及压型钢板与异形板之间的连接固定，分为开孔型与闭孔型。开孔型用于室内装修工程，闭孔型用于室外工程。

(3) 固定支架：主要用于将压型钢板固定于檩条上，一般应用于中波及高波屋面板。固定支架与檩条的连接采用焊接或自攻螺钉连接，固定支架与压型钢板连接采用自攻螺钉、开花螺栓或专业的咬边机的咬口连接。

(4) 膨胀螺栓：主要用于彩色钢板、异形板、连接构件与砌体或混凝土构件的连接固定。

(5) 开花螺栓：主要用于高波压型钢板屋面板与檩条的连接固定。

7.13 彩板建筑的密封材料

7.13.1 丁基胶带

丁基橡胶防水密封粘结带是由丁基橡胶与聚异丁烯等主要原料共混而成，按照特殊的生产配方，采用最新专利技术，选用优质特种高分子材料（进口），经过特殊的工艺流程生产出来的环保型无溶剂密封粘结材料。具有以下特点：

(1) 优异的机械性能：粘结强度、抗拉强度高，弹性、延伸性能好，对于界面形变和开裂适应性强。

(2) 稳定的化学性能：具有优良的耐化学性、耐候性和耐腐蚀性。

(3) 可靠的应用性能：其粘结性、防水性、密封性、耐低温性和追随性好，尺寸的稳定性好。

(4) 施工操作工艺简单。

7.13.2 适用范围

(1) 新建工程的屋面防水、地下防水、结构施工缝的防水处理及高分子防水卷材搭接密封。

(2) 市政工程中的地铁隧道结构施工缝的密封防水处理。

(3) 彩色压型板接缝处的气密、防水、减振。阳光板工程中接缝处的气密、防水、减振。

(4) 汽车装配中的粘接密封处理。

(5) 钢结构施工中接缝处的防水密封处理。

(6) 复合铝箔的丁基胶带适合于各种土木屋面、彩钢、钢构、防水卷材、PC板等在阳光照射下的防水密封。

7.14 彩色钢板建筑用采光板

7.14.1 FRP采光板

FRP采光板全称是Fibreglass Reinfored Polyester，中文是玻璃纤维强化聚酯（FRP采光板），俗称玻璃钢，又称透明瓦（图7-4～图7-6）。是和钢结构配套使用的采光材料，其主要是由高性能上膜、强化聚酯和玻璃纤维组成，其中上膜要起到很好的抗紫外线、抗静电的作用，抗紫外线是为了保护FRP采光板的聚酯不发黄老化，过早失去透光特性。抗静电是为了保证表面的灰尘容易被雨水冲走或被风吹走，维持清洁美观的表面。由于其稳定的质量、经久耐用的特点，深受顾客的欢迎，产品可广泛使用在工业、商业、民用建筑的屋面和墙面。功能类似常用的玻璃，主要用于屋面采光。FRP采光板的常规分类有：经济型、耐候型、隔热型、阻燃型和防腐型五大类型。FRP采光板的广泛用途有：工业厂房屋面墙面采光，农业蔬菜大棚保温采光，公共体育场馆屋面采光，特殊要求的建筑物阻燃防腐隔热等场所。FRP采光板现在使用的国家标准为：GB/T 14206—2005。

图7-4　930型FRP采光板

图7-5　840、860、950波浪瓦

图7-6　760型波浪瓦

（1）FRP采光板的特点。

FRP采光板可以有类似波浪形和压型钢板一致的形状，属于玻璃纤维增强的塑料，主要特点如下：

1）具有很好的抗碎，易清洗，耐酸碱，安装方便等特点。

2）产品采光光线呈散光状，光线柔和，透光率保持度高，可有效的阻隔绝大多数紫外线。

3）产品属于易燃材料，可在火灾发生时，迅速燃烧后将室内的浓烟排出，可以减少火灾人员伤亡，产品在燃烧过程中不产生熔滴，可有效的保护现场人员的安全。

（2）FRP采光板的强度及刚度：

1）强度是指FRP采光板受力破坏时，物体内的最大应力值，包括拉伸、弯曲、冲击、剪切等强度。

2）刚度表示FRP采光板对变形的抵抗能力，因此FRP采光板成型时，在某些部位做上加强筋或在表面用亚纤维做加强筋，就能提高刚度。FRP采光板固化度≥85%，因此生产的采光板既有刚度又有韧性，且又不脆，便于施工和安装。

(3) FRP采光板规格。FRP采光板常用的规格有：750型，840型，820型，980型，950型，900型，475型，760型，以及1～1.2m宽平板等100余种板型。

7.14.2 PC采光板

PC耐力板（又称为聚碳酸酯实心板、防弹玻璃、PC实心板）、PC阳光板（又称聚碳酸酯中空板、玻璃卡普隆板、PC中空板）是以高性能的工程塑料-聚碳酸酯（PC）树脂加工而成，具有透明度高、质轻、抗冲击、隔声、隔热、难燃、抗老化等特点，是一种高科技、综合性能极其卓越、节能环保型塑料板材，是目前国际上普遍采用的塑料建筑材料，有其他建筑装饰材料（如玻璃、有机玻璃等）无法比拟的优点，广泛应用于温室、工业厂房、装潢、广告招牌，停车棚、通道采光。雨披、住宅及商厦采光天幕、展览采光，体育场馆、游泳池、仓库采光顶，商业、工厂、体育场馆的采光天棚和遮阳雨篷、农业温室和花卉大棚，以及电话亭、书报亭、车站等公用设施、高速公路隔声、广告装饰领域。

阳光板（耐力板）室外耐候性能：

防紫外线（UV）保护膜，太阳辐射对聚合物材料有明确害处，会使表面产生细纹引起降解。这些细纹易受水、灰尘和水化学物质侵蚀。这些对聚合物的影响程度很大程度上依赖于环境参数，如地理位置、海拔高度和季节变化等。板材有单面或双面的紫外线保护层，有良好的室外耐候性能。这种独特的保护保证长期在强烈的紫外线强光照射下，仍能长期使用并保持其光学特性，与其他热塑型材料相比有以下特点。

（1）透光性：PC板透光率最高可达89%，可与玻璃相媲美。UV涂层板在太阳光下曝晒不会产生黄变、雾化、透光不佳，十年后透光流失率仅为6%，PVC流失率则高达15%～20%，玻璃纤维为12%～20%。

（2）抗撞击：撞击强度是普通玻璃的250～300倍，同等厚度亚克力板的30倍，是钢化玻璃的2～20倍，用3kg锤从两米坠下撞击也无裂痕，有"不碎玻璃"和"响钢"的美称。

（3）重量轻：容重仅为玻璃的一半，节省运输、搬卸、安装以及支承框架的成本。

（4）阻燃：国家标准GB 50222—95确认，PC板为难燃一级，即B1级。PC板自身燃点是580℃，离火后自熄，燃烧时不会产生有毒气体，不会助长火势的蔓延。

（5）防紫外线：PC板一面镀有抗紫外线（UV）涂层，另一面具有抗冷凝处理，集抗紫外线、隔热防滴露功能于一身。可阻挡紫外线穿过，适合保护贵重艺术品及展品，使其不受紫外线破坏，防紫外线（UV）保护膜，阳辐射对聚合物材料有明确害处，会使表面产生细纹引起降解。这些细纹易受水、灰尘和水化学物质侵蚀。这些对聚合物的影响在很大程度上依赖于环境参数，如地理位置、海拔高度和季节变化等。板材有单面或双面的紫外线保护层，有良好的室外耐候性能。这种独特的保护保证长期在强烈的紫外线强光照射下，仍能长期使用并保持其光学特性。

（6）可弯曲性：可依设计图在工地现场采用冷弯方式，安装成拱形、半圆形顶和窗。最小弯曲半径为采用板厚度的175倍，亦可热弯。

（7）隔声性：PC板隔声效果明显，比同等厚度的玻璃和亚加力板有更佳的音响绝缘性，在厚度相同的条件下，PC板的隔声量比玻璃提高3～4dB。在国际上是高速公路隔声屏障的首选材料。

(8) 节能性：夏天保凉，冬天保温，PC板有更低于普通玻璃和其他塑料的热导率（K值），隔热效果比同等玻璃高7%～25%，PC板的隔热最高至49%。从而使热量损失大大降低，用于有暖设备的建筑，属环保材料。

(9) 温度适应性：PC板在-100℃时不发生冷脆，在135℃时不软化，在恶劣的环境中其力学、机械性能等均无明显变化。

(10) 耐候性：PC板可以在-40～120℃范围保持各项物理性能指标的稳定性。人工气候老化试验4000h，黄变度为2，透光率降低值仅0.6%。

(11) 防结露：室外温度为0℃，室内温度为23℃，室内相对湿度低于80%时，材料的内表面不结露。

7.14.3 玻璃钢瓦

玻璃钢瓦（板）产品被广泛用于工业厂房、仓库、温室、车站、码头、航空港、体育建筑、商业建筑、钢结构等诸多采光领域。玻璃钢瓦特性如下：

(1) 耐候、不易老化：在65℃下不变形，不风化削皮。

(2) 隔热、保暖效果好：导热系数0.14/W(m·K)。

(3) 无毒、无类如石棉致癌微生物公害，符合世界卫生标准。

(4) 不长苔藓、防止微生物附着物生长，在正确施工下，耐强风（可抗每小时120公里强风）。

(5) 质地坚韧、抗冲击：即使车轮碾过也能恢复原状（拉柱强度42MPa）。

(6) 安全可靠、明火不助燃：防火试验方法试验结果韧度折叠不断裂，抗风力、抗压力、抗老化、抗折力、抗强力。

玻璃钢瓦具有连续成型、无限延长、轻质高强、耐老化、透光、阻燃、尺寸精确、表面光洁、随意着色、免维护、绿色环保等特点，产品广泛用于大型建筑、现代轻钢结构彩色压型板、温室大棚、体育场馆、水产养殖等场所。

8 其他钢结构用材料

8.1 预应力钢结构用材料

在结构上施加荷载以前,对钢结构或构件用特定的方法预加初应力,其应力符号与荷载引起的应力符号相反;当施加荷载时,以保证结构的安全和正常使用。结构或构件先抵消初应力,而且还应考虑预应力的作用,然后再按照一般受力情况工作的钢结构称为预应力钢结构。

从早期预应力吊车梁、撑杆梁的简单形式发展到目前张弦桁架、索穹顶、索膜结构、玻璃幕墙等现代结构,预应力钢结构种类繁多,大致归纳为四类:

1. 传统结构型

在传统的钢结构体系上,布置索系施加预应力以改善应力状态、降低自重及成本。例如,预应力桁架、网架、网壳等。天津市宁河体育馆、攀枝花市体育馆的网架、网壳屋盖等采用这种结构。目前候机楼、会展中心广泛采用的张弦桁架亦归入此类。另一种是工程中应用已久的悬索结构,如北京工人体育馆、浙江人民体育馆。其结构由承重索与稳定索两组索系组成,施加预应力的目的不是降低与调整内力,而是提高与保证刚度。

2. 吊挂结构型

结构由竖向支撑物(立柱、门架、拱脚架)、吊索及屋盖三部分组成。支撑物高出屋面,在其顶部下垂钢索吊挂屋盖。对吊索施加预应力以调整屋盖内力,减小挠度并形成屋盖结构的弹性支点。由于支撑物及吊索暴露于大气之中直指蓝天,所以又称做暴露结构。如江西体育馆、北京朝阳体育馆、杭州黄龙体育场等。

3. 整体张拉型

属创新结构体系,跨度结构中摈弃了传统受弯构件,全部由受张索系及膜面和受压撑杆组成。屋面结构极轻,设计构思新颖,是先进结构体系中的佼佼者。如汉城奥运主赛馆、慕尼黑奥运体育建筑群等。由于此体系属国外专利,国内尚无工程实例。

4. 张力金属膜型

金属膜片固定于边缘构件之上,既作为维护结构,又作为承重结构参与整体承受荷载。或在张力态下,将膜片固定于骨架结构之上,形成空间块体结构,覆盖跨度。两者都是在结构成型理论指导下诞生的预应力新型体系,应用于莫斯科奥运会的几个主赛场馆中,国内不掌握此项技术。

8.2 张力膜结构用材料

张拉膜结构(Tesioned Membrane Structure)是依靠膜自身的张拉应力与支承杆和拉索共同构成机构体系。在阳光的照射下,由膜覆盖的建筑物内部充满自然漫射光,无强反差的着光面与阴影的区分,室内的空间视觉环境开阔和谐。夜晚,建筑物内的灯光透过屋盖的膜照亮夜空，建筑物的体型显现出梦幻般的效果。张拉膜结构特别适合用来建造城市标志性建筑的屋顶，如体育与娱乐性场馆，需有广告效应的商场、餐厅等。城市的交通枢纽是城市命脉的关键性建筑，使用功能要求建筑物各组成单元的标志明确。因而近年来，这类建筑越来越多采用膜结构。建筑膜材料的使用寿命为 25 年以上。使用期间，在雪或风荷载作用下均能保持材料的力学形态稳定不变。建成于 1973 年的美国加州 La Verne 大学的学生活动中心是已有 23 年历史的张拉膜结构建筑，跟踪测试和材料的加载与加速气候变化的试验，证明膜材料的力学性能与化学稳定性指标下降了 20%～30%，但仍可正常使用。膜的表层光滑，具有弹性，大气中的灰尘、化学物质的微粒极难附着与渗透，经雨水的冲刷建筑膜可恢复其原有的清洁面层与透光性。张拉膜结构的基本组成单元通常有膜材、索与支承结构（桅杆、拱或其他刚性构件）。

8.2.1 膜材料

膜结构主要是由钢材和索构成，与结构相结合的膜材具有造型轻巧自由、美观；透光、节能、环保，优良的阻燃性能；防污自洁性能；安全、寿命长等优点。基于这些优点，膜结构被称为"21 世纪的建筑"。膜材作为一种新兴的建筑材料，已被公认为是继砖、石、混凝土、钢和木材之后的"第六种建筑材料"。

目前，建筑膜材广泛认可的标准是日本 JISA-93 所规定的 A、B、C 三类，是根据其防火性能的优劣来划分的。A 类最好，以玻璃纤维织物为基材涂 PTFE 而成；B 类次之，以玻璃纤维织物为基材涂 PVC 而成；C 类是三类中最次的，以聚酯（涤纶）织物为基材涂 PVC 而成。按涂层材料分，有聚四氟乙烯（PTFE）、聚偏氟乙烯（PVDF）、聚氟乙烯（PVF）、聚氯乙烯（PVC）、聚氨酯（PU）和橡胶等。

（1）PTFE 建筑膜材。

PTFE 膜材是在超细玻璃纤维织物上涂以聚四氟乙烯树脂而成的材料。这种膜材有较好的焊接性能，有优良的抗紫外线、抗老化性能和阻燃性能。另外，其防污自洁性能是所有建筑膜材中最好的，但其柔韧性差，施工较困难，成本高。

（2）玻纤 PVC 建筑膜材。

玻纤 PVC 建筑膜材的开发和应用比较早，通常规定 PVC 涂层在玻璃纤维织物经纬线交点上的厚度不能少于 0.2mm，一般涂层不会太厚，达到使用要求即可。为提高 PVC 本身耐老化性能，涂层时常常加入一些光、热稳定剂，浅色透明产品宜加一定量的紫外线吸收剂，深色产品常加炭黑作稳定剂。另外，对 PVC 的表面处理还有很多方法，可在 PVC 层上压一层极薄的金属薄膜或喷射铝雾，用云母或石英来防止表面发粘和沾污。

（3）玻纤有机硅树脂建筑膜材。

有机硅树脂具有优异的耐高低温、拒水、抗氧化等特点，该膜材具有较高的抗拉强度和弹性模量，另外还具有良好的透光性。目前这种膜材应用不多，生产厂家也较少。

（4）玻纤合成橡胶建筑膜材。

合成橡胶（如丁腈橡胶、氯丁橡胶）韧性好，对阳光、臭氧、热老化稳定，具有突出的耐磨损性、耐化学性和阻燃性，可达到半透明状态，但由于容易发黄，故一般用于深色涂层。

（5）膨化 PTFE 建筑膜材。

由膨化PTFE纤维织成的基布两面贴上氟树脂薄膜即得膨化PTFE建筑膜材。由于它的造价太高，一般的建筑考虑到成本和性能两方面，很少选用这种膜材，目前国外的生产厂家也不多。中等强度PTFE膜其厚度仅0.8mm，但它的拉伸强度已达到钢材的水平，膜材的弹性模量较低，这有利于膜材形成复杂的曲面造型。

(6) ETFE建筑膜材。

由ETFE（乙烯-四氟乙烯共聚物）生料直接制成。ETFE不仅具有优良的抗冲击性能、电性能、热稳定性和耐化学腐蚀性，而且机械强度高，加工性能好。近年来，ETFE膜材的应用在很多方面可以取代其他产品而表现出强大的优势和市场前景。这种膜材透光性特别好，号称"软玻璃"主要特点有：

1) 质量轻，重量只有同等大小玻璃的1%。
2) 韧性好、抗拉强度高、不易被撕裂，延展性大于400%。
3) 耐候性和耐化学腐蚀性强，熔融温度高达200℃。
4) 可有效的利用自然光，节约能源。
5) 良好的声学性能。
6) 自清洁功能，使表面不易沾污，且雨水冲刷即可带走沾污的少量污物，清洁周期大约为5年。
7) ETFE膜可在现场预制成薄膜气泡，方便施工和维修。
8) ETFE也有不足，如外界环境容易损坏材料而造成漏气，维护费用高等。

8.2.2 索

膜材本身不能受压也不能抗弯，所以要使膜结构正常工作就必须引入适当的预张力。此外，要保证膜结构正常工作的另一个重要条件就是要形成互反曲面。传统结构为了减小结构的变形就必须增加结构的抗力；而张力膜结构是通过改变结构形状来分散荷载，从而获得最小内力增长的。当膜结构在平衡位置附近出现变形时，可产生两种回复力：一个是由几何变形引起的；另一个是由材料应变引起的。通常几何刚度要比弹性刚度大得多，所以要使每一个膜片具有良好的刚度，就应尽量形成负高斯曲面，即沿对角方向分别形成"高点"和"低点"。"高点"通常是由桅杆来提供的，也许是由于这个原因，有些文献上也把张拉膜结构叫做悬挂膜结构（suspension membrane）。索作为膜材的弹性边界，将膜材划分为一系列膜片，从而减小了膜材的自由支承长度，使薄膜表面更易形成较大的曲率。

目前，常用的索材料有不锈钢钢绞线（7、19及37丝结构）和不锈钢柱线等。

(1) 不锈钢丝。不锈钢丝是用不锈钢为原材料制作的各类不同规格和型号的丝质产品，常用的耐腐蚀性好、性价比高的不锈钢丝是304和316的不锈钢丝。

(2) 不锈钢软线。不锈钢软线具有表面光亮、柔软、无磁、抗疲劳、延伸力大等特点。规格有：0.03～5.0mm。常见材质有：301、302、304、304L、316、316L、310、310S、321等。

(3) 不锈钢轻拉线。不锈钢轻拉线是钢丝经过热处理后进行小截面的拉拔而形成的。不锈钢轻拉线具有表面光亮、较柔软、抗疲劳、有一定的延伸力等特点。规格有：0.03～5.0mm。常见的材质有：301、302、304、304L、316、316L、310、310S、321等。

(4) 不锈钢冷拉线。不锈钢冷拉线具有表面光滑、韧性好、抗磨损等特性。规格有：0.03～6.0mm。常见的材质有：302、304、304L、316、316L、310、310S、321。

(5) 不锈钢弹簧丝。不锈钢弹簧丝具有硬度亮、弹性强、耐磨抗压性能好的特点。规格有：0.15～3.0mm。常见材质有：302、304H、304L、316、316L、310、310S、321。

8.2.3 连接附件

张拉膜结构的连接附件包括螺栓、螺母和次要构件。

8.3 网壳网架结构用材料

网架结构按所用材料分有钢网架、钢筋混凝土网架以及钢与钢筋混凝土组成的组合网架，其中以钢网架用得较多。

(1) 材料要求。钢材、铸钢件的品种、规格、性能等应符合现行国家产品标准和设计要求。钢结构工程所采用的钢材，应具有质量证明文件。当对钢材的质量有疑义时，必须按现行国家标准《钢结构工程施工质量验收规范》及其他有关标准的规定进行化学分析和力学性能试验，复验结果符合现行国家产品标准和设计要求后方可使用。

(2) 连接材料。焊条、高强度螺栓等连接材料，应符合规范规定的主控项目和一般项目及设计要求，并有质量合格证明文件、中文标志及检验报告等。

(3) 焊接球、螺栓球、封板、锥头和套筒所采用的原材料，其品种、规格、性能等应符合现行国家产品标准和设计要求，并有产品的质量合格证明文件、中文标志及检验报告等。逐一检验其质量，必须符合其主控项目及一般项目的要求。

9 建筑钢材的材质检验

钢结构检测在提升单项检测技术的同时，注重发展和实现专业间的一体化，完善了成套的钢结构检测技术，包括钢材力学性能检测（拉伸、弯曲、冲击、硬度）、钢结构紧固件力学性能检测（抗滑移系数、轴力）、钢材金相检测分析（显微组织分析、显微硬度测试）、钢材化学成分分析、钢结构无损检测、钢结构应力测试和监控、涂料检测等成套检测技术。

9.1 钢结构材料

从使用角度讲，强度、塑性、冷脆破坏性和可焊性等是建筑钢材的基本性能。材质的单项指标不能代表其全部特性，必须依据常规试验的各项指标进行综合评定。评定中还应收集下述资料作为参考数据：钢材生产的时间、钢材供应的技术条件及其产品说明。必须查明钢材牌号、技术指标、极限强度、屈服强度、受拉时的延伸率、冷弯性能、反复弯曲性能、冲击韧性与化学成分等。

材质检验包括钢材型材（包括焊接 H 型钢、焊管）、焊接球、螺栓球以及连接紧固件的检测，型材、焊接球、螺栓球是钢结构工程的基本元素，它的质量直接关系到工程的质量。

(1) 型材检验的方法是将材料铣成长宽一定的试件然后进行拉伸冷弯试验，对其物理性能进行检测。

(2) 焊接球是按标准焊上一定直径的配管，然后进行抗拉抗压试验。

(3) 螺栓球与焊接球差不多，只是没有抗压试验。

(4) 连接紧固件，主要是高强度螺栓试验。高强度螺栓的质量控制项目包括最小荷载检测、预拉力复验、扭矩检测、扭矩系数复验及抗滑移系数检测。钢材材质的力学试验和化学分析结果，都应符合相应规程的规定。

9.2 钢结构检测

9.2.1 用测厚仪测定钢结构截面厚度

钢结构由于加工精确程度和断面锈蚀的影响，钢结构断面厚度往往有些变化。特别是锈蚀使截面减薄，承载能力下降，对结构安全度影响是很大的。因此，测定钢结构截面厚度是非常重要的一项任务。

目前，测定厚度一种是用卡尺，一种是用测厚仪测定厚度。下面介绍用超声波数字测厚仪测定截面厚度的方法。

采用超声波脉冲反射法。超声波从一种均匀介质传播到另一种均匀介质时，分界面上会发生声的反射，从探头发射的超声波，经过延迟块而进入被测件，超声波到达分界面时，而被反射回来，又通过延迟块被接收探头接收，测出发射脉冲到接收脉冲之间的时间，扣除延迟块时间，根据声速、时间、距离三者关系，求出被测件的厚度，即仪器显示的厚度值。如 1.2～100mm 的仪器显示值为 20.88，即 20.88mm，其精确度为 0.01mm。

9.2.2　钢结构涂层厚度的测定

在钢结构鉴定中，涂层好坏及涂层厚度是一个重要参数，因此测定涂层厚度是一项重要项目。

涂层厚度测定一般用磁性测厚仪测定，国内外均有产品。国产涂层磁性测厚仪用天津市材料试验机厂的产品，名称是 QCC-A 型磁性测厚仪。

用磁性测厚仪时，要调好仪器，使其具有正常工作性能。

首先要确定测量范围，第一档为 $0\sim50\mu m$，第二档为 $0\sim500\mu m$。

测量时，用探头接触被测涂层。测定时要清除涂层表面灰尘和油污，以防影响精度。

根据涂层具体情况确定，首先通过仪器确定有无涂层，因在长期环境作用下涂层损伤直至涂层消失，涂层消失与否是涂层的重要参数。因为有无残留涂层是结构锈蚀程度一个重要界限，也是永久性评估的重要界限。

9.2.3　钢结构屋架挠度的测定

钢屋架一般跨度都较大，如 21、24、30m 等，测量挠度较困难，必须用很大的力把钢丝拉紧，而且钢丝要求具有一定的抗拉强度。测量时，关键是要把钢丝拉直，使测量数值准确。同时，最好有竣工记录，原钢屋架在施工后有否反拱或挠度值。这两个值确定之后才能确定屋架在荷载作用下的应力挠度值。当然往往由于施工安装时就有反拱，使用后仍然有后拱，测出来的挠度值是负挠度，因此，测定数值一定标明正负值。

测定挠度时最好确定固定点，即一般在跨中确定测点。如果测定时拉钢丝中间遇有障碍，如角钢、电线等，此时必须在两端垫支点，以使钢丝拉直。垫支点时，测量出的挠度值必须减去两支点高度的平均值，才是实际挠度值。同时为了确保跨度端点的固定位置，两端要有专人掌握端点固定位置并标出端点与实际屋架端点的距离，以求出实际的测量挠度时的跨度值。

9.3　钢结构质量检测与评定

9.3.1　钢结构存在的质量缺陷

（1）几何尺寸的偏差，构件的非线性，结构焊接和铆接质量低劣，底漆和涂料质量不好，是钢结构在制造阶段的主要缺陷。

（2）结构位置的偏差，运输和安装时由于机械作用引起构件的扭曲和局部变形，连接节点处构件的装配不精确，安装连接质量差，漏装或少装某些构件、缀板，焊缝尺寸偏差等，均属安装的缺陷。

（3）使用过程中实际产生的作用与原设计的偏离，材料的腐蚀和腐蚀引起构件横断面面积的减小，在交变荷载作用下金属内部结构强度发生变化和疲劳现象以及引起连接破坏等，均属使用中的缺陷。由于这些缺陷的存在和相互影响，使结构整体和局部受到不同程度的损坏。

（4）钢结构质量检测与评定。钢结构的质量检测除按规程进行材质的力学性能检测与有关化学成分分析外，应进行承载能力、变形、锈蚀、损伤四个方面的检测及综合评定，以确定其质量等级。

9.3.2 材质检验与测定

从使用角度讲，强度、塑性、冷脆破坏性和可焊性等是建筑钢材的基本性能。材质的单项指标不能代表其全部特征，必须依据常规试验的各项指标进行综合评定。评定中还应收集下述资料作参考数据：钢材生产的时间、钢材供应的技术条件及其产品说明。必须查明钢材牌号、技术指标、极限强度、屈服强度、受拉时的延伸率、冷弯性能、反复弯曲性能、冲击韧性与化学成分等。

钢材材质的力学试验和化学分析结果，都应符合相应规程的规定。

9.3.3 钢结构构件变形检验与评定

钢结构的最后综合评定是由承载能力、变形、锈蚀、损伤四个方面进行综合考虑和分析，并以承载能力为主定出等级。

关于锈蚀和损伤的等级划分，执行中可参照施工验收规范和钢结构设计规范条文进行。但综合评定的最后确定"标准"规定：

（1）当变形比承载能力低一级时，仍按承载能力等级确定。

（2）当变形比承载能力低两级时，且锈蚀和损伤又较严重时，按承载能力降低一级确定。

9.3.4 钢结构的强度、变形及缺陷检测

钢结构强度及变形的检测，常用的有电测法与机测法。

（1）电测法就是利用电学量（如电流、电阻、电容等）的变化及其电学变化量与力学量之关系来测定其力学量（如应变及其应力）；其测定的范围有静态和动态两种。

（2）机测法主要是测定其形变（如挠度、倾角与伸缩形变等）。

另外，还有表面硬度法，就是利用硬度与强度之间的关系来获得其强度值。

关于钢结构缺陷的检测，常用的有超声波法与电磁法。对已建钢结构鉴定时，检查钢结构材质是很重要的测定内容。最理想的方法是在结构非主要受力部位截取试样，由拉伸试验确定相应的强度指标。但这样会损伤结构，影响它的正常工作，并需要进行补强。一般采用表面硬度法间接推断钢材强度。

在钢结构建筑物中，钢构件之间多采用焊接连接。所谓焊缝无损检测，就是为了判定焊接结构或焊件在成型后能否满足使用要求，在不进行大面积破坏性试验的情况下对焊缝进行检测的技术。

10 焊接材料

10.1 焊条

10.1.1 概述

焊条是在焊芯表面涂上适当厚度药皮的电弧焊用的熔化电极。由焊芯及药皮两部分组成，其作用简述如下。

焊芯的作用主要是导电，在焊条端部形成电弧。同时，焊芯靠电弧热熔化后，冷却形成具有一定成分的熔敷金属。

目前，焊条的品种已有几百种，但用于制造焊条的焊芯材料不过数十种。为了保证熔敷金属具有所需的合金成分，一般可通过两种掺合金方法来达到：一种是利用碳钢芯，通过药皮来过渡，这种方法主要用在低碳钢焊条、低合金钢焊条及堆焊焊条等；另一种是利用合金或合金钢芯，再通过药皮来补充少量合金元素，这种方法主要用在不锈钢焊条、有色金属焊条及高合金焊条。当然，这种区分也不是绝对的，利用低碳钢芯，同样可以制成不锈钢焊条。利用纯镍焊丝，也可以制成各种镍合金焊条。但无论在什么样的情况下，焊芯的成分都直接影响熔敷金属的成分和性能，因此，要求焊芯尽量减少有害元素的含量。随着冶金工业的发展，对焊芯中有害元素含量的控制要求越来越严格，除了通常硫（S）、磷（P）外，有些焊条已要求焊芯控制 N、H、O、As、Sn、Sb、Pb 等元素。

在焊条前端药皮有 45°左右的倒角，这是为了便于引弧。在尾部有一段裸焊芯，约占焊条总长 1/16，便于焊钳夹持并有利于导电。

10.1.2 焊条的组成

1. 焊芯

焊条中被药皮包覆的金属芯称为焊芯。焊芯一般是一根具有一定长度及直径的钢丝。焊芯的作用：一是传导焊接电流，产生电弧把电能转换成热能；二是焊芯本身熔化作为填充金属与液体母材金属熔合，形成焊缝。

(1) 焊芯的分类。

焊芯是根据国家标准《焊接用钢丝》（GB/T 14958—1994、GB/T 14957—1994）的规定分类的，用于焊接的专用钢丝可分为碳素结构钢、合金结构钢、不锈钢三类。

焊条焊接时，焊芯金属占整个焊缝金属的一部分。所以焊芯的化学成分直接影响焊缝的质量。因此，作为焊条芯用的钢丝都单独规定了它的牌号与成分。如果用于埋弧自动焊、电渣焊、气体保护焊、气焊等熔焊方法作填充金属时，则称为焊丝。

(2) 焊芯中各合金元素对焊接的影响：

1) 碳（C）。碳是钢中的主要元素，当含碳量增加时，钢的强度、硬度明显提高，而塑性降低。在焊接过程中，碳起到一定的脱氧作用，在电弧高温作用下与氧发生化合作用，生成一氧化碳和二氧化碳气体，将电弧区和熔池周围空气排除，防止空气中的氧、氮有害气体对熔池产生的不良影响，减少焊缝金属中氧和氮的含量。若含碳量过高，还原作用剧烈，会引起较大的飞溅和气孔。考虑到碳对钢的淬硬性及其对裂纹敏感性增加的影响，低碳钢焊芯的含碳量一般为 0.1%。

2）锰（Mn）。锰在钢中是一种较好的合金剂，随着锰含量的增加，其强度和韧性会有所提高。在焊接过程中，锰也是一种较好的脱氧剂，能减少焊缝中氧的含量。锰与硫化合形成硫化锰浮于熔渣中，从而减少焊缝热裂纹倾向。因此一般碳素结构钢焊芯的含锰量为 0.30%～0.55%，某些特殊用途的焊接钢丝，其含锰量高达 1.70%～2.10%。

3）硅（Si）。硅也是一种较好的合金剂，在钢中加入适量的硅能提高钢的屈服强度、弹性及抗酸性能；若含量过高，则降低塑性和韧性。在焊接过程中，硅也具有较好的脱氧能力，与氧形成二氧化硅，但它会提高熔渣的黏度，易促进非金属夹杂物生成。

4）铬（Cr）。铬能够提高钢的硬度、耐磨性和耐腐蚀性。对于低碳钢来说，铬便是一种偶然的杂质。铬的主要冶金特征是易于急剧氧化，形成难熔的氧化物三氧化二铬（Cr_2O_3），从而增加了焊缝金属夹杂物的可能性。三氧化二铬过渡到熔渣后，能使熔渣黏度提高，流动性降低。

5）镍（Ni）。镍对钢的韧性有比较显著的效果，一般低温冲击值要求较高时，适当掺入一些镍。

6）硫（S）。硫是一种有害杂质，随着硫含量的增加，将增大焊缝的热裂纹倾向，因此焊芯中硫的含量不得大于 0.04%。在焊接重要结构时，硫含量不得大于 0.03%。

2. 药皮

焊条药皮是指涂在焊芯表面的涂料层。药皮在焊接过程中分解熔化后形成气体和熔渣，起到机械保护、冶金处理、改善工艺性能的作用。药皮的组成物有：矿物类（如大理石、氟石等）、铁合金和金属粉类（如锰铁、钛铁等）、有机物类（如木粉、淀粉等）、化工产品类（如钛白粉、水玻璃等）。焊条药皮是决定焊缝质量的重要因素。

焊条的药皮在焊接过程中起着极为重要的作用。若采用无药皮的光焊条焊接，则在焊接过程中，空气中的氧和氮会大量侵入熔化金属，将金属铁和有益元素碳、硅、锰等氧化和氮化形成各种氧化物和氮化物，并残留在焊缝中，造成焊缝夹渣或裂纹。而融入熔池中的气体可能使焊缝产生大量气孔，这些因素都将使焊缝的机械性能（强度、冲击值等）大大降低，同时使焊缝变脆。此外，采用光焊条焊接，电弧很不稳定，飞溅严重，焊缝成形很差。人们在实践过程中发现，如果在光焊条外面涂一层由各种矿物组成的药皮，能使电弧燃烧稳定，焊缝质量得到提高，这种焊条称为药皮焊条。随着工业技术的不断发展，人们创制出了现在广泛应用的优质厚药皮焊条。

10.1.3 焊条的主要性能、用途及其选用

（1）提高电弧燃烧的稳定性。无药皮的光焊条不容易引燃电弧。即使引燃了也不能稳定地燃烧。在焊条药皮中，一般含有钾、钠、钙等电离电位低的物质，这可以提高电弧的稳定性，保证焊接过程持续进行。

（2）保护焊接熔池。焊接过程中，空气中的氧、氮及水蒸气侵入焊缝，会给焊缝带来

不利的影响。不仅形成气孔，而且还会降低焊缝的机械性能，甚至导致裂纹。而焊条药皮熔化后，产生的大量气体笼罩着电弧和熔池，会减少熔化的金属和空气的相互作用。焊缝冷却时，熔化后的药皮形成一层熔渣，覆盖在焊缝表面，保护焊缝金属并使之缓慢冷却，减少产生气孔的可能性。

（3）保证焊缝脱氧、去硫磷杂质。焊接过程中虽然进行了保护，但仍难免有少量氧进入熔池，使金属及合金元素氧化，烧损合金元素，降低焊缝质量。因此，需要在焊条药皮中加入还原剂（如锰、硅、钛、铝等），使已进入熔池的氧化物还原。

（4）为焊缝补充合金元素。由于电弧的高温作用，焊缝金属的合金元素会被蒸发烧损，使焊缝的机械性能降低。因此，必须通过药皮向焊缝加入适当的合金元素，以弥补合金元素的烧损，保证或提高焊缝的机械性能。对有些合金钢的焊接，也需要通过药皮向焊缝渗入合金，使焊缝金属能与母材金属成分相接近，机械性能赶上甚至超过基体金属。

（5）提高焊接生产率，减少飞溅。焊条药皮具有使熔滴增加而减少飞溅的作用。焊条药皮的熔点稍低于焊芯的焊点，但因焊芯处于电弧的中心区，温度较高，所以焊芯先熔化，药皮稍迟一点熔化。这样，在焊条端头形成一短段药皮套管，加上电弧吹力的作用，使熔滴径直射到熔池上，使之有利于仰焊和立焊。另外，在焊芯涂了药皮后，电弧热量更集中。同时，由于减少了由飞溅引起的金属损失，提高了熔敷系数，也就提高了焊接生产率。另外，焊接过程中发尘量也会减少。

10.1.4 焊条的使用和管理

焊条的种类繁多，每种焊条均有一定的特性和用途。即使同一类别的焊条，由于不同的药皮类型，所反映出的使用特性也是不同的。加之被焊件的理化性能、工件条件（结构形状及刚度）、施工条件的不同，还要考虑生产效率及经济性等因素，这些势必给焊条的选择带来一定的困难。因此，有必要确定一些原则，供选择焊条之用。在实际工作中，除了要认真了解各种焊条的成分、性能及用途等资料外，还必须结合被焊件的状况、施工条件及焊接工艺等，并参照下列各条原则，予以综合考虑，才能正确地选择焊条。

1. 考虑工件的物理、力学性能和化学成分

（1）从等强度的观点出发，选择满足力学性能要求的焊条，或结合母材的焊接性，改用不等强度而韧性好的焊条，但需改变焊缝结构形式，以满足等强度、等刚度的要求。

（2）使熔敷金属的合金成分符合或接近母材。

（3）当母材化学成分中硫、磷等有害杂质较高时，应选抗裂性和抗气孔能力较强的焊条，如低氢型焊条等。

必须说明，焊接构件对力学性能和化学成分的要求并不是均衡的，有的焊件可能偏重于强度、韧性等方面的要求，而对化学成分不一定要求与母材一致，如选用结构钢焊条时，首先应侧重考虑焊缝金属与母材间的等强度，或焊缝金属的高韧性；有的焊件又可能偏重于化学成分方面的要求，如对于耐热钢、不锈钢焊条的选择，通常侧重于考虑焊缝金属与母材化学成分的一致；有时也可能对两者都有严格的要求，因此在选择焊条时，应分清主次，综合考虑。

2. 考虑焊件的工作条件和使用性能

（1）焊件在承受动载荷和冲击载荷情况下，除了要求保证抗拉强度、屈服强度外，对

冲击韧度、塑性均有较高的要求。此时应选用低氢型、钛钙型或氧化铁型焊条。

(2) 焊件在腐蚀介质中工作时,必须分清介质种类、浓度、工作温度以及腐蚀类型(一般腐蚀、晶间腐蚀、应力腐蚀等),从而选择合适的不锈钢焊条。

(3) 焊件在受磨损条件下工作时,须区分是一般磨损还是冲击磨损,是金属间磨损还是磨料磨损,是在常温下磨损还是在高温下磨损等。还应考虑是否在腐蚀介质中工作,以选择合适的堆焊焊条。

(4) 处在低温或高温下工作的焊件,应选择能保证低温或高温力学性能的焊条。

3. 考虑焊件的复杂程度、刚度大小、焊接坡口制备和焊接部位

(1) 形状复杂或大厚度的焊件,由于其焊缝金属在冷却收缩时产生的内应力大,容易产生裂纹。因此,必须采用抗裂性好的焊条,如低氢型焊条、高韧性焊条或氧化铁型焊条。

(2) 焊接部位所处的位置不能翻转时,必须选择能进行全位置焊接的焊条。

(3) 因受条件限制而使某些焊接部位难以清理干净时,应考虑选用氧化性强,对铁锈、氧化皮和油污反应不敏感的酸性焊条,以免产生气孔等缺陷。

4. 考虑施焊工作条件

没有直流焊机的地方应选用交直流两用的焊条。某些钢材(如珠光体耐热钢)需进行焊后热处理,以消除残余应力。但受设备条件限制或本身结构限制而不能进行热处理时,应选用与母材金属化学成分不同的焊条(如奥氏体不锈钢焊条),以免进行焊后热处理。此外,还应根据施工现场条件,如野外操作、焊接工作环境等,来合理选用焊条。

5. 考虑改善焊接工艺和保证工人身体健康

在酸性焊条和碱性焊条都可以满足的地方,鉴于碱性焊条对操作技术及施工准备要求高,故应尽量采用酸性焊条。对于在密闭容器内或通风不良场所焊接时,应尽量采用低尘低毒焊条或酸性焊条。

6. 考虑经济性

在保证使用性能的前提下,尽量选用价格低廉的焊条。根据我国的矿藏资源,应大力推广钛铁矿型焊条。对性能有不同要求的主次焊缝,可采用不同焊条,不要片面追求焊条的全面性能。要根据结构的工作条件,合理选用焊条的合金系统,如对在常温下工作,用于一般腐蚀条件的不锈钢,就不必选用含铌的不锈钢焊条。

7. 考虑效率

对焊接工作量大的结构,有条件时应尽量采用高效率焊条,如铁粉焊条、高效率不锈钢焊条及重力焊条等,或选用底层焊条、立向下焊条之类的专用焊条,以提高焊接生产率。

焊条的选用须在确保焊接结构安全、可行使用的前提下,根据被焊材料的化学成分、力学性能、板厚及接头形式、焊接结构特点、受力状态、结构使用条件对焊缝性能的要求、焊接施工条件和技术经济效益等综合考查后,有针对性地选用焊条,必要时还需进行焊接性试验。

(1) 同种钢材焊接时焊条选用要点:

1) 考虑焊缝金属力学性能和化学成分。对于普通结构钢,通常要求焊缝金属与母材等强度,应选用熔敷金属抗拉强度等于或稍高于母材的焊条。对于合金结构钢,有时还要

求合金成分与母材相同或接近。在焊接结构刚性大、接头应力高、焊缝易产生裂纹的不利情况下，应考虑选用比母材强度低的焊条。当母材中碳、硫、磷等元素的含量偏高时，焊缝中容易产生裂纹，应选用抗裂性能好的碱性低氢型焊条。

2) 考虑焊接构件使用性能和工作条件。对承受动载荷和冲击载荷的焊件，除满足强度要求外，主要应保证焊缝金属具有较高的冲击韧性和塑性，可选用塑性、韧性指标较高的低氢型焊条。接触腐蚀介质的焊件，应根据介质的性质及腐蚀特征选用不锈钢类焊条或其他耐腐蚀焊条。在高温、低温、耐磨或其他特殊条件下工作的焊接件，应选用相应的耐热钢、低温钢、堆焊或其他特殊用途焊条。

3) 考虑焊接结构特点及受力条件。对结构形状复杂、刚性大的厚大焊接件，由于焊接过程中产生很大的内应力，易使焊缝产生裂纹，应选用抗裂性能好的碱性低氢焊条。对受力不大、焊接部位难以清理干净的焊件，应选用对铁锈、氧化皮、油污不敏感的酸性焊条。对受条件限制不能翻转的焊件，应选用适于全位置焊接的焊条。

4) 考虑施工条件和经济效益。在满足产品使用性能要求的情况下，应选用工艺性好的酸性焊条。在狭小或通风条件差的场合，应选用酸性焊条或低尘焊条。对焊接工作量大的结构，有条件时应尽量采用高效率焊条，如铁粉焊条、高效率重力焊条等，或选用底层焊条立向下焊条之类的专用焊条，以提高焊接生产率。

(2) 异种钢焊接时焊条选用要点：

1) 强度级别不同的碳钢＋低合金钢（或低合金钢＋低合金高强钢）。一般要求焊缝金属或接头的强度不低于两种被焊金属的最低强度，选用的焊条熔敷金属的强度应能保证焊缝及接头的强度不低于强度较低侧母材的强度，同时焊缝金属的塑性和冲击韧性应不低于强度较高而塑性较差侧母材的性能。因此，可按两者之中强度级别较低的钢材选用焊条。但是，为了防止焊接裂纹，应按强度级别较高、焊接性较差的钢种确定焊接工艺，包括焊接规范、预热温度及焊后热处理等。

2) 低合金钢＋奥氏体不锈钢。应按照对熔敷金属化学成分限定的数值来选用焊条，一般选用铬和镍含量较高的、塑性和抗裂性较好的 Cr25-Ni13 型奥氏体钢焊条，以避免因产生脆性淬硬组织而导致的裂纹。但应按焊接性较差的不锈钢确定焊接工艺及规范。

3) 不锈复合钢板。应考虑对基层、复层、过渡层的焊接要求，选用三种不同性能的焊条。对基层（碳钢或低合金钢）的焊接，选用相应强度等级的结构钢焊条；复层直接与腐蚀介质接触，应选用相应成分的奥氏体不锈钢焊条。关键是过渡层（即复层与基层交界面）的焊接，必须考虑基体材料的稀释作用，应选用铬和镍含量较高、塑性和抗裂性好的 Cr25-Ni13 型奥氏体钢焊条。

10.1.5 焊条的型号及表示方法

1. 焊条的型号

焊条的型号是按国家有关标准与国际标准确定的，如 EXXX。以结构钢为例，型号编制法为字母"E"表示焊条，第一、第二位表示熔敷金属最小抗拉强度，第三位数字表示焊条的焊接位置，第三、第四位数字表示焊接电流种类及药皮类型。

2. 焊条型号的表示方法

焊条型号的表示方法如图 10-1 所示。

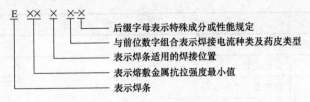

图 10-1 焊条型号的含义

例如，E5016。其中，E 表示焊条；50 表示熔敷金属的抗拉强度 $\sigma_b \geqslant 50\text{N/mm}^2$，即 $\sigma_b \geqslant 490\text{MPa}$；1 表示适用的焊接位置为平、立、横、仰（如为 2，则仅为平焊或平角焊）；6 表示适用的电流种类为交流或直流反接（如为 5，则表示仅适用直流反接）；无后缀，则表示无特殊的化学成分或力学性能要求。

铸铁焊条用 Z 开头表示、低温钢镍合金焊条用 W Ni 表示、耐热钢焊条用 R 表示、堆焊焊条用 D 表示、铬不锈钢焊条用 G A 表示、特种焊条用 TS 表示、镍基焊条用 HL 表示、铜及铜合金焊条用 T 表示、铝及铝合金焊条用 L 表示、气焊条用 HS 表示。

3. 标准型号

我国焊条标准型号的部分摘录见表 10-1，是依据《碳素钢焊条》GB/T 5117—1995 规定的，仅录 E43 系列和 E50 系列，其中常用的是 E4315、E4316、E5015 和 E5016；另有 E4328 和 E5018，是药皮中含有 30% 的铁粉，焊接效率很高，用于重要结构。

我国焊条标准型号　　　　　　　　　表 10-1

焊条型号	药皮类型	焊接位置	电流种类
E43 系列，熔敷金属抗拉强度 ≥420MPa			
E4300	特殊型	平、立、仰、横	交流或直流正、反接
E4301	钛铁矿型	平、立、仰、横	交流或直流正、反接
E4303	钛钙型	平、立、仰、横	交流或直流正、反接
E4310	高纤维素钠型	平、立、仰、横	直流反接
E4311	高纤维素钾型	平、立、仰、横	交流或直流反接
E4312	高钛钠型	平、立、仰、横	交流或直流正接
E4313	高钛钾型	平、立、仰、横	交流或直流正、反接
E4315	低氢钠型	平、立、仰、横	直流反接
E4316	低氢钾型	平、立、仰、横	交流或直流反接
E4320	氧化铁型	平	交流或直流正、反接
E4320	氧化铁型	平角焊	交流或直流正接
E4322	氧化铁型	平	交流或直流正接
E4323	铁粉钛钙型	平、平角焊	交流或直流正、反接
E4324	铁粉钛型	平、平角焊	交流或直流正、反接
E4324	铁粉氧化铁型	平	交流或直流正、反接
E4324	铁粉氧化铁型	平角焊	交流或直流正接
E4328	铁粉低氢型	平、平角焊	交流或直流反接

续表

焊条型号	药皮类型	焊接位置	电流种类
E50 系列，熔敷金属抗拉强度≥490MPa			
E5001	钛铁矿型	平、立、仰、横	交流或直流正、反接
E5003	钛钙型		
E5010	高纤维素钠型		直流反接
E5011	高纤维素钾型		交流或直流反接
E5014	铁粉钛型		交流或直流正、反接
E5015	低氢钠型		直流反接
E5016	低氢钾型		交流或直流反接
E5018	铁粉低氢钾型		
E5018M	铁粉低氢型		直流反接
E5023	铁粉钛钙型	平、平角焊	交流或直流正、反接
E5024	铁粉钛型		交流或直流正、反接
E5027	铁粉氧化铁型	平、平角焊	交流或直流正接
E5028	铁粉低氢型		交流或直流反接
E5048		平、仰、横、立向下	

10.1.6 焊条的分类

根据不同情况，电焊条按焊条用途、药皮的主要化学成分、药皮熔化后熔渣的特性进行分类。

(1) 按照焊条的用途，有两种表达形式，一为原机械工业部编制的，可以将电焊条分为：结构钢焊条、耐热钢焊条、不锈钢焊条、堆焊焊条、低温钢焊条、铸铁焊条、镍和镍合金焊条、铜及铜合金焊条、铝及铝合金焊条以及特殊用途焊条。二为国家标准规定，为碳钢焊条、低合金焊条、不锈钢焊条、堆焊焊条、铸铁焊条、铜及铜合金焊条、铝及铝合金焊条。二者没有原则区别，前者用商业牌号表示，后者用型号表示。

(2) 按焊条药皮的主要化学成分分类，分为氧化钛型焊条、氧化钛钙型焊条、钛铁矿型焊条、氧化铁型焊条、纤维素型焊条、低氢型焊条、石墨型焊条及盐基型焊条。

(3) 按焊条药皮熔化后熔渣的特性分类，可将电焊条分为酸性焊条和碱性焊条。酸性焊条药皮的主要成分为酸性氧化物，如二氧化硅、二氧化钛、三氧化二铁等。碱性焊条药皮的主要成分为碱性氧化物，如大理石、萤石等。

我国现行的焊条分类方法，主要是根据焊条国家标准和原机械工业部编制的《焊接材料产品样本》。焊条型号按国家标准分为8类，焊条牌号按用途分为10类。各大类焊条按主要性能的不同还可分为若干小类，如低合金焊条，又可分为低合金高强钢焊条、低温钢焊条、耐热钢焊条、耐海水腐蚀用焊条等。

10.1.7 焊条的检验

1. 简易检验焊条质量优劣的方法

(1) 实际焊缝的检验：就是通过实际焊接焊缝来检验焊条的好坏，质量好的焊条，施焊时电弧燃烧极为稳定，焊芯和药皮熔化均匀，飞溅很少，焊缝成型好，脱渣容易。

(2) 药皮强度检验：将焊条平举1m高，自由落到光滑的厚钢板上，如果药皮无脱落现象，即证明药皮强度合乎质量要求。

(3) 外表检验：药皮表面应光滑细腻，无气孔和机械损伤，药皮不偏心，焊芯无腐蚀现象。

(4) 理化检验：当焊接重要焊件时，应对焊缝金属进行化学分析及力学性能复检，以检验焊条质量。

2. 鉴别焊条变质的方法

(1) 将焊条数根放在手掌内相互滚击，如发出清脆的金属声，即为干燥的焊条，如有低沉的沙沙声，则为受潮的焊条。

(2) 将焊条在焊接回路中短路数秒，如果药皮表面出现颗粒状斑点，则为受潮焊条。

(3) 受潮焊条的焊芯上常有锈痕。

(4) 对于药皮厚的焊条，缓慢弯曲至120°，如有大块涂料脱落或涂料表面毫无裂纹，都为受潮焊条，干燥焊条在轻弯后，有小的脆裂声，继续弯至120°，在药皮受张力的一面有小裂口出现。

(5) 焊接时如果药皮成块脱落，或产生大量水汽，说明是受潮的焊条。受潮的焊条，若药皮脱落，应报废处理，虽受潮但并不严重，可待干燥后再用。一般焊条的焊芯有轻微锈点，焊接时基本也能保证质量，但对于重要工程用的低氢焊条，生锈后则不能使用。

10.2 焊剂

10.2.1 常用焊剂的型号

常用焊剂型号含义如图10-2所示。

其中，F表示焊剂。

F后第一位是数字，表示熔敷金属的抗拉强度σ_b。

F后第二位是字母，表示试样的状态（表10-2）。

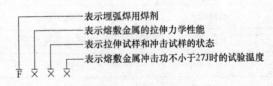

图10-2 常用焊剂型号的含义

F后第三位是数字，表示熔敷金属$A_{k_v} \geqslant 27J$时的试验温度。

试样状态　　　　　　　　　　　　　　　　　　　表10-2

焊剂型号	试样状态
FXAX-H×××	焊态
FXPX-H×××	焊后热处理状态

10.2.2 常用焊剂的牌号

1. 熔炼焊剂

熔剂焊剂牌号含义如图10-3所示。

其中，HJ表示焊剂。

HJ后第一位是数字，表示焊剂中氧化锰的含量（表10-3）。

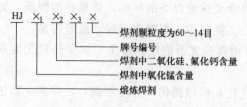

图10-3 熔炼焊剂牌号的含义

HJ后第二位也是数字，表示焊剂中二氧化硅和氟化钙的含量（表10-4）。

HJ后第三位也是数字，表示同一牌号内的产品编号。

最后一个×，表示细颗粒。正常颗粒度不必注写此字母。

熔炼焊剂牌号第一位数字系列　　　　　　　表10-3

牌　号	焊剂类型	氧化锰含量(%)
HJ1××	无锰	$MnO, <2$
HJ2××	低锰	$MnO, 2\sim15$
HJ3××	中锰	$MnO, 15\sim30$
HJ4××	高锰	$Mn,O>30$

熔炼焊剂牌号第二位数字系列　　　　　　　表10-4

牌　号	焊剂类型	二氧化硅及氟化钙含量(%)
HJ×1×	低硅低氟	$SiO_2, <10; CaF_2, <10$
HJ×2×	中硅低氟	$SiO_2, 10\sim30; CaF_2, <10$
HJ×3×	高硅低氟	$SiO_2, >30; CaF_2, <10$
HJ×4×	低硅中氟	$SiO_2, <10; CaF_2, 10\sim30$
HJ×5×	中硅中氟	$SiO_2, 10\sim30; CaF_2, 10\sim30$
HJ×6×	高硅中氟	$SiO_2, >30; CaF_2, 10\sim30$
HJ×7×	低硅高氟	$SiO_2, <10; CaF_2, >30$
HJ×8×	中硅高氟	$SiO_2, 10\sim30; CaF_2, >30$
HJ×9×	其他	

2. 烧结焊剂

烧结焊剂牌号含义如图10-4所示。

其中，SJ表示烧结焊剂。

SJ后第一位是数字，表示渣系类型。

SJ后第二位，第三位都是数字，表示同一渣系类型中的编号，如01、02……

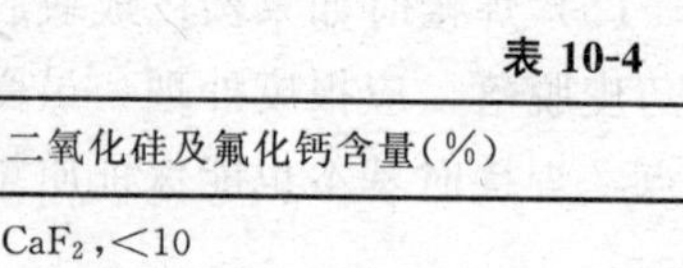

图10-4 烧结焊剂牌号的含义

常用烧结焊剂的化学成分列于表10-5，熔渣系列见表10-6，常用焊剂类型见表10-7。

工程制作中，常将Q345B钢板、H10Mn2焊丝与SJ101烧结焊剂配合使用，其效果是不错的。

结构钢用熔炼焊剂的标准化学成分（％）　　表 10-5

焊剂型号	焊剂类型	SiO_2	Al_2O_3	MnO	CaO	MgO	TiO_2	CaF_2	FeO	S	P	R_2O (K_2O+Na_2O)
HJ130	无锰高硅低氟	35～40	12～16	—	10～18	14～19	7～11	4～7	2.0	≤0.05	≤0.05	—
HJ230	低锰高硅低氟	40～46	10～17	5～10	8～14	10～14	—	7～11	≤1.5	≤0.05	≤0.05	—
HJ250	低锰中硅中氟	18～22	18～23	5～8	4～8	12～16	—	23～30	≤1.5	≤0.05	≤0.05	≤3.0
HJ330	中锰高硅低氟	44～48	≤4.0	22～26	≤3.0	16～20	—	3～6	≤1.5	≤0.06	≤0.08	≤1.0
HJ350	中锰中硅中氟	30～35	13～18	14～19	10～18	—	—	14～19	≤1.0	≤0.06	≤0.07	—
HJ360	中锰高硅中氟	33～37	11～15	20～26	4～7	5～9	—	10～19	≤1.0	≤0.1	≤0.1	—
HJ430	高锰高硅低氟	38～45	≤5	38～47	≤6	—	—	5～9	≤1.8	≤0.06	≤0.08	—
HJ431	高锰高硅低氟	40～44	≤4	34～38	≤6	5～8	—	3～7	≤1.8	≤0.06	≤0.08	—
HJ433	高锰高硅低氟	42～45	≤3	44～47	≤4	—	—	2～4	≤1.8	≤0.06	≤0.08	≤0.5

烧结焊剂第一位数字系列　　表 10-6

焊剂牌号	熔渣系列	主要组成范围
SJ1××	氟碱性	CaF_2,≥15%　$CaO+MgO+MnO+CaF_2$,>50%　SiO_2,≤20%
SJ2××	高铝型	Al_2O_3,≥20%　$Al_2O_3+CaO+MgO$,>45%
SJ3××	硅钙型	$CaO+MgO+SiO_2$,>60%
SJ4××	硅锰型	$MnO+SiO_2$,>50%
SJ5××	铝钛型	$Al_2O_3+TiO_2$,>45%
SJ6××	其他型	

结构钢常用烧结焊剂的化学成分　　表 10-7

型 号	焊剂类型	组成成分（％）
SJ101	氟碱性	SiO_2+TiO_2,25；$CaO+MgO$,30；Al_2O_3+MnO,25；CaF_2,20
SJ301	硅钙型	SiO_2+TiO_2,40，$CaO+MgO$,25，Al_2O_3+MnO,25；CaF_2,10

10.3 其他焊接材料

10.3.1 CO_2 气体（表 10-8）

二氧化碳气体　　表 10-8

项　　目	组分含量（％）		
	优等品	一等品	合格品
二氧化碳含量(V/V)≥	99.9	99.7	99.5
液态水	不得检出	不得检出	不得检出
油	不得检出	不得检出	不得检出
水蒸气+乙醇含量(m/m)≤	0.005	0.02	0.05
气味	无异味	无异味	无异味

注：对以非发酵法所做的二氧化碳，乙醇含量不作规定。

10.3.2 融化嘴（表10-9）

SES-15熔化嘴的型号、规格与用途（日）　　　　表10-9

熔化嘴型号	药皮厚度(mm)	熔化嘴 直径(mm)	熔化嘴 长度(mm)	适用板厚(mm)	配用焊丝	用途
SES-15A	2	8 10 12	500 700 1000 1200	14以上 16以上	实芯焊丝	用于两面水冷铜成形块的接头
SES-15B	1	8 10 12	500 700 1000 1200	12以上 14以上 16以上		仅用于单面水冷铜成形块的接头
SES-15E	3	8 10 12	500 700 1000 1200	14以上 16以上 18以上		用于两面水冷铜成形块的接头（水冷铜成形块的槽宽40mm以上）
SES-15F	1.6	10	500 700 1000 1200	—		用于箱形柱的焊接
SES-15B	1	10 12	500 700 1000 1200	12以上	药芯焊丝	两面水冷铜成形块的接头

11 螺栓连接和铆钉连接材料

11.1 普通螺栓的种类

工程中常用普通螺栓的种类如下。
(1) 普通 C 级六角头螺栓的规格（按 GB/T 5780—2000）（图 11-1）。
(2) 普通 C 级 I 型六角螺母（图 11-2）。
(3) 普通 C 级平垫圈（图 11-3）。

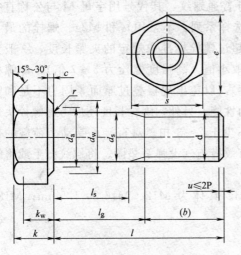

图 11-1 普通 C 级六角头螺栓

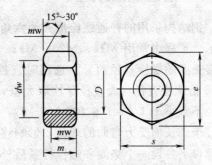

图 11-2 普通 C 级 I 型六角螺母

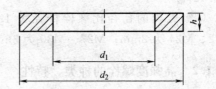

图 11-3 普通 C 级平垫圈

(4) 普通 A 级、B 级六角头螺栓（图 11-4）。
(5) 普通 A 级、B 级 1 型六角头螺母（图 11-5）。

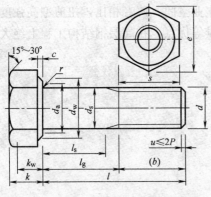

图 11-4 普通 A 级、B 级六角头螺栓

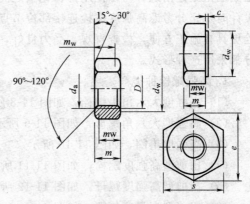

图 11-5 普通 A 级、B 级 1 型六角头螺母

(6) 普通 A 级平垫圈（图 11-6）。

(7) 普通 A 级平垫圈（倒角型）（图 11-7）。

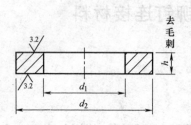

图 11-6 普通 A 级平垫圈

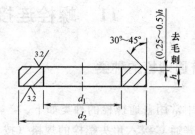

图 11-7 普通 A 级平垫圈（倒角型）

11.1.1 普通螺栓的特性

钢结构采用的普通螺栓形式为六角头型粗牙普通螺纹，其代号用字母 M 与公称直径表示。工程中常用 M16、M20、M22（为第二选择系列，不常用）和 M24。螺栓的最大连接长度随螺栓直径而异，选用时宜控制其不超过螺栓标准中规定的夹紧长度，一般为 4~6 倍螺栓直径（大直径螺栓取大值，反之，取小值。高强度螺栓为 5~7 倍），即螺栓直径不宜小于 1/4~1/6（或 1/5~1/7 夹紧长度），以免出现板叠过厚而紧固力不足和螺栓过于细长而受力弯曲的现象，影响连接的受力性能。另外，螺栓长度还应考虑螺栓头部及螺母下各设一个垫圈和螺栓拧紧后外露丝扣不少于 2~3 扣。对直接承受动力荷载的普通螺栓应采用双螺母或其他能防止螺母松动的有效措施（设弹簧垫圈、将螺纹打毛或将螺母焊死）。

C 级螺栓的孔径比螺栓杆径大 1.5~3mm。具体为 M12、M16 为 1.5mm；M18、M22、M24 为 2mm；M27、M30 为 3mm。

11.1.2 高强度螺栓的种类、特性

高强度螺栓分大六角头高强度螺栓和扭剪型高强度螺栓两种，其连接性能和本身的力学性能都是相同的，仅外形不同，都是以扭矩大小确定螺栓轴向力的大小，不同的是大六角高强度螺栓的扭矩是由施工工具来控制。而扭剪型高强度螺栓属于自标量型螺栓，其施工紧固扭矩是由螺杆与螺栓尾部梅花头之间的切口直径决定，即靠其扭断力矩来控制。在设计时要充分考虑高强度螺栓连接部位节点的最小作业空间，两者相比，扭剪型高强度螺栓更具有施工方便，检查直观，受力良好，保证质量等优点，在高层钢结构工程上绝大部分都采用这种形式。

1. 高强螺栓种类

(1) 高强度大六角头螺栓，如图 11-8 所示。

(2) 高强度大六角螺母，如图 11-9 所示。

(3) 高强度垫圈，如图 11-10 所示。

(4) 扭剪型高强度螺栓，如图 11-11 所示。

(5) 扭剪型高强度螺母，如图 11-12 所示。

(6) 扭剪型高强度垫圈，如图 11-13 所示。

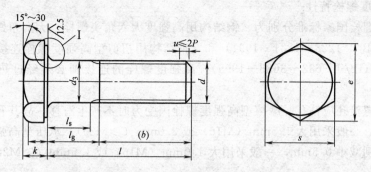

图 11-8 钢结构用高强度大六角头螺栓示意图

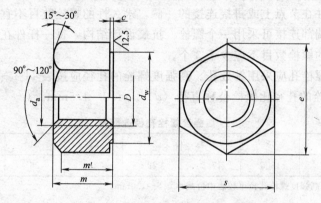

图 11-9 高强度大六角螺母示意图

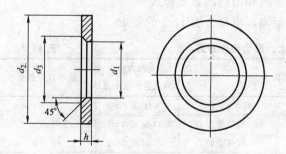

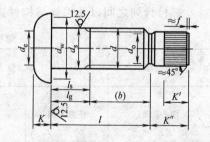

图 11-10 钢结构用高强度垫圈示意图　　图 11-11 扭剪型高强度螺栓示意图

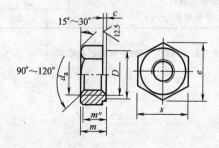

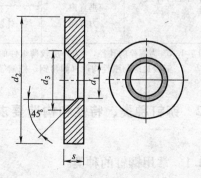

图 11-12 扭剪型高强度螺母示意图　　图 11-13 扭剪型高强度垫圈示意图

107

2. 高强度螺栓特性

高强度螺栓国家标准分别为《钢结构用高强度大六角头螺栓、大六角螺母、垫圈与技术条件》(GB/T 1228～1231—1991) 和《钢结构用扭剪型高强度螺栓连接副型式尺寸与技术条件》(GB/T 3632～3633—1995)。高强度螺栓的连接副必须经过热处理（淬火和回火）。

高强度螺栓孔应钻孔。摩擦型高强度螺栓因受力时不产生滑移，故其孔径比螺栓公称直径可稍大，一般采用大 1.5mm (M16) 或 2.0mm (≥M20)；承压型高强度螺栓则应比上列数值分别减小 0.5mm，一般采用大 1.0mm (M16) 或 1.5mm (≥M20)。

11.1.3 普通螺栓和高强度螺栓连接的构造要求

（1）每一杆件在节点上或拼接连接的一侧，永久性的螺栓数目不宜少于两个。对组合构件的缀条，其端部连接可采用一个螺栓。抗震设计结构，每一杆件在节点上或拼接连接的一侧，永久性的螺栓数目不应少于 3 个。

（2）高强度螺栓孔应采用钻成孔。高强度螺栓的孔径应按表 11-1 采用。

普通 C 级螺栓的孔径比螺栓公称直径 (d) 大 1.0～1.5mm。

高强度螺栓孔径选配表　　　　表 11-1

螺栓公称直径(mm)	12	16	20	22	24	27	30
螺栓孔直径(mm)	13.5	17.5	22	24	26	30	33

注：承压型连接中高强度螺栓孔径可较表中值减小 0.5～1.0mm。

（3）在高强度螺栓连接范围内，构件接触面的处理方法应在施工图中说明。

（4）普通螺栓和高强度螺栓通常采用并列和错列的布置形式。

螺栓行列之间以及螺栓与构件边缘的距离，应符合表 11-2 的要求。

螺栓的最大、最小容许距离　　　　表 11-2

名　称	位置和方向		最大容许距离（取两者的较小者）	最小容许距离
中心间距	任意方向	外　排	$8d_0$ 或 $12t$	$3d_0$
		中间排 构件受压力	$12d_0$ 或 $18t$	
		中间排 构件受拉力	$16d_0$ 或 $24t$	
中心至构件边缘距离	顺力方向		$4d_0$ 或 $8t$	$2d_0$
	垂直内力方向	切割边		$1.5d_0$
		轧制边 高强度螺栓		
		普通螺栓		$1.2d_0$

注：1. d_0 为螺栓的孔径，t 为外层较薄板件的厚度。
　　2. 钢板边缘与刚性构件（如角钢、槽钢等）相连的螺栓的最大间距，可按中间排的数值采用。

11.2 铆钉种类、特性和构造要求

11.2.1 常用铆钉的种类

铆接可分为紧固铆接、紧密铆接和固密铆接三种方法。紧固铆接也叫坚固铆接。这种

铆接要求一定的强度来承受相应的载荷，但对接缝处的密封性要求较差。如房架、桥梁、起重机、车辆等均属于这种铆接。紧密铆接的金属结构不能承受较大的压力，只能承受较小而均匀的载荷，但对其叠合的接缝处却要求具有高度密封性，以防泄露。如水箱、气罐、油罐等容器均属这一类。固密铆接也叫做强密铆接。这种铆接要求具有足够的强度来承受一定的载荷，其接缝处必须严密，即在一定的压力作用下，液体或气体均不得渗漏。如锅炉、压缩空气罐等高压容器的铆接。为了保证高压容器铆接缝的严密性，在铆接后，对于板件边缘连接缝和铆头周边与板件的连接缝要进行敛缝和敛钉。

金属零件铆接装配就是用铆钉连接金属零件的过程。铆钉是铆接结构的紧固件。铆钉是由铆钉头和圆柱形铆钉杆两部分组成，常用的有：半圆头、平锥头、沉头、半沉头、平头、扁平头和扁圆头等。此外，还有半空心铆钉、空心铆钉等。

（1）半圆头铆钉，如图 11-14 所示。

（2）平锥头铆钉，如图 11-15 所示。

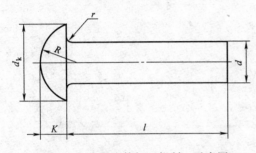

图 11-14 半圆头铆钉（粗制）示意图

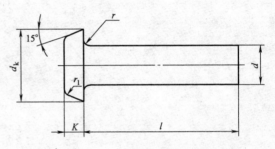

图 11-15 平锥头铆钉示意图

（3）沉头铆钉（粗制），如图 11-16 所示。

（4）半沉头铆钉（粗制），如图 11-17 所示。

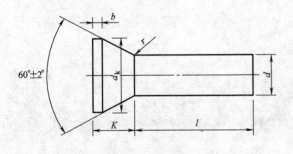

图 11-16 沉头铆钉（粗制）示意图

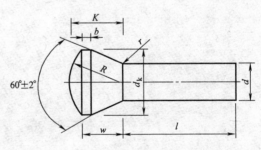

图 11-17 半沉头铆钉（粗制）示意图

（5）平头铆钉，如图 11-18 所示。

11.2.2 常用铆钉的构造要求

（1）铆钉的距离见相关尺寸螺栓的最大、最小容许距离表。

（2）沉头和半沉头铆钉不得用于沿其杆轴方向受拉的连接。

（3）沿杆轴方向受拉的铆钉连接中的端板（法兰板），应适当增加其刚度（如加设加劲肋），以减少撬力对铆钉抗拉承载力的不利影响。

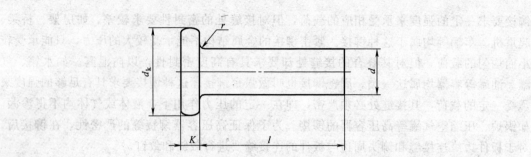

图 11-18 平头铆钉示意图

12　钢结构防腐防火涂装材料

12.1　防腐涂装材料

随着科学技术的发展，合成材料逐渐被采用，涂料的品种增多，其原料由少用油到不用油，而与塑料等合成材料靠近。涂料就其定义来讲，是涂覆于物体表面附着牢固的连续薄膜，属配套性材料。

据有关金属腐蚀与非金属防腐蚀技术的资料报道，如运用好现有的防护技术，世界钢铁因腐蚀而造成的损失，可减少 20%～30%。一些大型钢铁构筑物的锈蚀到处都存在，而这些普遍的、大量的腐蚀，主要的防护任务要由涂料来承担，占防腐蚀技术的 60%～75%。涂料的作用主要表现在：

(1) 保护作用。

钢铁制品要生锈，水泥、木材要风化，高分子材料要老化，这是由于受光、热、水汽、氧气以及微生物的作用；化工生产过程中化学品也对金属、非金属材料产生腐蚀等。为了保护这些材料，采用涂料涂装以涂膜起屏蔽作用，隔绝和减弱化学和物理因素对材料的破坏。

(2) 装饰作用。

涂料的装饰作用较保护作用更具直观性。轻工产品及家用电器，其装饰性常与产品的质量连在一起。大到建筑物、轮船、火车、飞机、汽车的装饰，小到日用五金、文具、食品罐头等，涂料同样对人民的生活环境起到了装饰和美化的功能。

涂料装饰的基础是防护，失去防护功能，也就失去了装饰作用，在涂料品种中，为装饰发展了多种美术漆，在原有的各种不同光亮度与色彩基础上，向实用与美观再前进一步。美术漆有皱纹漆、锤纹漆、斑纹漆、晶纹漆和闪光漆等，既掩盖涂装表面的缺陷，也经济实用。应用很广。

(3) 色彩标志作用。

在航运河道、海岸边常设各种航标用的标志，其涂料色彩的对比度强，要求涂料鲜艳耐晒；超高建筑物、烟囱、电视发射天线，人行道横道线等道路漆、消防器材、安全阀的红色漆，以及化工厂各种物料输送管道的标志漆、各种压缩气体用的特定标志漆、起重机醒目的枯红颜色漆，危险品装运的特殊黄色标志漆等，都起着色彩标志的作用。

标志漆和其他材料合作有紫外光激发标志漆；与高折射玻璃微珠配合的反光材料，用于矿井、公路、门牌、楼牌等。用标志漆制作的各种标志，用于给人们识别各种信息，起到各种指示或警示、警告的作用。

(4) 特殊作用。

具有特殊作用的涂料为特种涂料。喷气发动机的第一级与第二级叶片、高温烘箱、压缩机、汽车和拖拉机的排气管常用高温涂料给予保护。

金属导线的绝缘涂料，有各种耐温等级；冷冻机用的绝缘材料，还有耐冷媒的要求。其他的还有微波吸收涂料、太阳能吸收涂料、导弹外壳耐烧蚀涂料、防霉涂料、贮油发射管的润滑涂料、输油橡胶管导静电涂料、光敏涂料、伪装迷彩涂料、防海生物生长的防污涂料、弹药发射管的润滑涂料、船舰甲板和飞机海面迫降救生防滑涂料、泥浆输送管的耐磨涂料、避鼠避虫咬涂料、防火涂料、示温涂料以及热处理的防渗碳涂料等，这些涂料应用在特殊场合，具有特殊的作用。

涂料有多种功能，较其他材料有成本低的特点。涂料品种多，可根据不同的要求选用。涂料施工方便，维修容易，因此在国民经济的各部门都离不开涂料，例如屋面防水工程，防水涂料较老工艺而言就不受外形的限制，有好的粘结力，有效时间为 10～15 年。

12.2 钢结构防护涂料产品分类命名和型号

（1）国标 GB 2705—2003 对涂料产品的分类和命名见表 12-1、表 12-2。

涂料产品分类方法（1）　　　　　　　　　表 12-1

主要产品类别			主要成膜物类型
建筑涂料	墙面涂料	合成树脂乳液内墙涂料 合成树脂乳液外墙涂料 溶剂型外墙涂料 其他墙面涂料	丙烯酸酯类及其改性共聚乳液，醋酸乙烯及其改性共聚乳液，聚氨酯、氟碳树脂等，无机粘合剂等
	防水涂料	溶剂型树脂防水涂料 聚合物乳液防水涂料 其他防水涂料	EVA、丙烯酸酯类乳液、聚氨酯、沥青、PVC 胶泥或油膏、聚丁二烯树脂等
	地面涂料	水泥基及非木质地面涂料	聚氨酯、环氧树脂等
	功能性建筑涂料	防火涂料 防霉（藻）涂料 保温隔热涂料 其他功能性建筑涂料	聚氨酯、环氧、丙烯酸酯类、乙烯类、氟碳树脂等
工业涂料	汽车涂料（含摩托车涂料）	汽车底涂料（电泳漆） 汽车中涂漆 汽车面漆 汽车罩光漆 汽车修补漆 其他汽车专用漆	丙烯酸酯类、聚酯、聚氨酯、环氧、氨基、硝基、PVC 树脂等
	木器涂料	溶剂型木器涂料 水性木器涂料 光固化木器涂料 其他木器涂料	聚酯、聚氨酯、丙烯酸酯类、醇酸、硝基、氨基、酚醛、虫胶树脂等
	铁路、公路涂料	铁路车辆涂料 道路标志涂料 其他铁路、公路设施用涂料	丙烯酸酯类、聚氨酯、环氧、醇酸、乙烯类树脂等
工业涂料	轻工涂料	自行车涂料 家用电器涂料 仪器仪表涂料 塑料涂料 纸张涂料 其他轻工专用涂料	聚氨酯、聚酯、醇酸、丙烯酸酯类、环氧、酚醛、氨基、乙烯类树脂等

续表

主要产品类别			主要成膜物类型
工业涂料	船舶涂料	船壳及上层建筑物漆 船底防锈漆 船底防污漆 水线漆 甲板漆 其他船舶漆①	聚氨酯、醇酸、丙烯酸酯类、环氧、酚醛、氯化橡胶、沥青树脂等
	防腐(蚀)涂料	桥梁涂料 集装箱涂料 专用埋地管道及设施涂料 耐高温涂料 其他防腐(蚀)涂料	聚氨酯、丙烯酸酯类、环氧、醇酸、氯化橡胶、乙烯类、沥青、有机硅、氟碳树脂等
	其他专用涂料	卷材涂料 绝缘涂料 机床、农机、工程机械等涂料 航空、航天涂料 军用器械涂料 电子元器件涂料 以上未涵盖的其他专用涂料	聚酯、聚氨酯、环氧、丙烯酸酯类、醇酸、乙烯类、氨基、有机硅、氟碳、酚醛、硝基树脂等
通用涂料及辅助材料	调合漆、清漆、磁漆、底漆、腻子、稀释剂、防潮剂、催干剂、脱漆剂、固化剂等其他通用涂料及辅料材料	以上未涵盖的未明确应用领域的涂料产品	改性油脂、天然树脂、酚醛树脂、醇酸树脂等

① 主要成膜物类型中树脂类型包括水性、溶剂型、无溶剂型、固体粉末等。

涂料产品分类方法（2）　　　　　　　　　　　　　　　　表12-2

主要成膜物类型		主要产品类型
油漆类型	天然植物油、动物油(脂)、合成油漆等	清油、厚漆、调合漆、防锈漆及其他油脂漆
天然树脂①漆类	松香、虫胶、乳酪素、动物胶及其衍生物等	清漆、调合漆、磁漆、底漆、绝缘漆、生漆及其他天然树脂漆
酚醛树脂类漆	酚醛树脂、改性酚醛树脂等	清油、调合漆、磁漆、底漆、绝缘漆、船舶漆、防锈漆、耐热漆、防腐(蚀)、其他酚醛树脂漆
沥青漆类	天然沥青、(煤)焦油沥青、石油沥青等	清漆、调合漆、磁漆、底漆、绝缘漆、船舶漆、防锈漆、耐热漆、黑板漆、防腐(蚀)防污漆及其他沥青漆
醇酸树脂漆类	甘油醇酸树脂、季戊四醇酸树脂、其他醇类的醇酸树脂、改性醇酸树脂等	清漆、调合漆、磁漆、底漆、绝缘漆、船舶漆、防锈漆、汽车漆及其他醇酸树脂漆
氨基树脂漆类	三聚氰胺甲醛树脂脲醛树脂、脲(甲)醛树脂及其改性树脂等	清漆、磁漆、绝缘漆、美术漆、闪光漆、汽车漆及其他氨基树脂漆
硝基漆类	硝基纤维素(酯)等	清漆、磁漆、铅笔漆、木器漆、汽车修补漆、及其他硝基漆
过氯乙烯树脂漆类	过氯乙烯树脂类	清漆、磁漆、机床漆、防腐(蚀)漆、可剥漆、胶液及其他过氯乙烯树脂漆

续表

主要成膜物类型		主要产品类型
烯类树脂漆类	聚二乙烯炔树脂、聚多烯树脂、氯乙烯醋酸乙烯共聚树脂、聚乙烯醇缩醛树脂、聚苯乙烯树脂、氯化聚烯烃树脂、石油树脂等	聚乙烯醇缩醛树脂、氯化聚烯烃树脂漆及其他烯类树脂漆
丙烯酸树脂漆类	热塑性丙烯酸类树脂、热固性丙烯酸酯类树脂等	清漆、透明漆、磁漆、汽车漆、工程机械漆、摩托车漆、家电漆、塑料漆、标准漆、电泳漆、乳胶漆、木器漆、汽车修补漆、粉末涂料、船舶漆、绝缘漆、及其他丙烯酸酯类树脂漆
聚酯树脂漆类	饱和聚酯树脂、不饱和聚酯树脂等	粉末涂料、卷材涂料、木器漆、防锈漆、绝缘漆、防锈漆及其他聚酯树脂漆
环氧树脂漆类	环氧树脂、环氧酯、改性环氧树脂等	底漆、电泳漆、船舶漆、绝缘漆、粉末涂料、防腐(蚀)漆、罐头漆、粉末涂料及其他环氧树脂漆
聚氨基甲酸酯漆类	聚氨(基甲酸)酯树脂等	清漆、磁漆、木器漆、防腐(蚀)漆、飞机蒙皮漆、车皮漆、船舶漆、绝缘漆及其他聚氨酯树脂漆
元素有机漆类	有机硅、氟碳树脂等	耐热漆、绝缘漆、电阻漆、防腐(蚀)漆及其他元素有机漆
橡胶漆类	氯化橡胶、环化橡胶、氯丁橡胶、氯化氯丁橡胶、丁苯橡胶、氯磺化聚乙烯橡胶等	清漆、磁漆、底漆、船舶漆、防腐(蚀)漆、防火漆、划线漆、可剥漆及其他橡胶漆
其他成膜物类涂料	无机高分子材料、聚酰亚胺树脂、二甲苯树脂以上未包括的主要成膜材料	

① 包括直接来自天然资源的物质及其经过加工处理后的物质。

(2) 国标 GB 2705 对涂料产品的分类和命名。

国家标准 GB 2705 规定了涂料产品分类和命名,几经修订,该标准一直以产品主要成膜物质分类,影响到众多的涂料生产企业的传统管理模式。传统的分类把涂料产品分为17类,列于表12-3,成膜物为混合树脂的,以起主要作用的一种树脂为基础。涂料产品命名原则:涂料全名=颜色或颜料名称+成膜物质名称+基本名称。

成膜物资分类　　　　　　　　　　　　表12-3

代号	成膜物资类别	主要成膜物质
Y	油脂	天然植物油、鱼油、合成油等
T	天然树脂	松香及其衍生物、虫胶、乳酪素、动物胶、大漆及其衍生物等
F	酚醛树脂	酚醛树脂、改性酚醛树脂、二甲苯树脂
L	沥青	天然沥青、煤焦沥青、硬脂酸沥青、石油沥青
C	醇酸树脂	甘油醇酸树脂、改性醇酸树脂、季戊四醇及其他醇类的醇酸树脂等
A	氨基树脂	脲醛树脂、三聚氰胺甲醛树脂等
Q	硝基纤维素	硝基纤维素、改性硝基纤维素
M	纤维酯、纤维醚	乙酸纤维、苄基纤维、乙基纤维、羟甲基纤维、乙酸丁酸纤维等
G	过氯乙烯树脂	过氯乙烯树脂、改性过氯乙烯树脂

续表

代号	成膜物资类别	主要成膜物质
X	烯类树脂	聚二乙烯基乙炔树脂、氯乙烯共聚树脂、聚乙酸乙烯及其共聚物、聚乙烯醇缩醛树脂、聚苯乙烯树脂、氟树脂、
B	丙烯酸树脂	丙烯酸树脂、丙烯酸共聚树脂及其改性树脂
Z	聚酯树脂	饱和聚酯树脂和不饱和聚酯树脂
H	环氧树脂	环氧树脂、改性环氧树脂
S	聚氨基甲酸酯	聚氨基甲酸酯树脂
W	元素有机聚合物	有机硅、有机钛、有机锡等树脂
J	橡胶	天然橡胶及其衍生物、合成橡胶及其衍生物
E	其他	以上16类包括不了的成膜物质,如无机高分子材料、聚酰亚胺树脂等

  国家标准的实施要求企业生产的品种由标准化委员会审批给号,企业提交一整套报批资料中除了产品技术指标、检验方法、施工参考、性能用途外,还要有产品的组成、配方及简要生产工艺,这显然不符合市场经济的观念。

  (3) 国标 GB 2705—1992 对涂料产品的分类和命名取消了成膜物质纤维酯、纤维醚一类,基本名称也缩减了过时的老名称。

  对传统的标准内容的了解是不可少的,像已习惯使用的基本名称如清漆、磁漆、甲板漆、防腐蚀漆或防锈漆等,应参照新标准执行。传统标准基本名称规定见表12-4。

基本名称代号　　　　　　　　　表 12-4

代号	基本名称	代号	基本名称	代号	基本名称	代号	基本名称
00	清油	16	锤纹漆	37	电阻漆、电位漆器	61	耐热漆
01	清漆	17	皱纹漆	38	半导体漆	62	示温漆
02	厚漆	18	裂纹漆	40	防污漆、防蛆漆	63	涂布漆
03	调合漆	19	晶纹漆	41	水线漆	64	可剥漆
04	磁漆	20	铅笔漆	42	甲板漆、甲板防滑漆	66	感光涂料
05	粉末涂料	22	木器漆	43	船壳漆	67	隔热涂料
06	底漆	23	罐头漆	44	船底漆	80	地板漆
07	腻子	30	(浸渍)绝缘漆	50	耐酸漆	81	渔网漆
09	大漆	31	(覆盖)绝缘漆	51	耐碱漆	82	锅炉漆
11	电泳漆	32	(绝缘)磁漆	52	防腐(蚀)漆	83	烟囱漆
12	乳胶漆	33	(粘合)绝缘漆	53	防锈漆	84	黑板漆
13	其他水溶性漆	34	漆包线漆	54	耐油漆	85	调色漆
14	透明漆	35	硅钢片漆	55	耐水漆	86	标志漆、马路画线漆
15	斑纹漆	36	电容器漆	60	耐火漆	98	胶液

  (4) 已习惯使用的基本名称在该标准中有所规定。但地板漆、渔网漆等不再列入。

  2003 年修订版增加 99 个基本名称,其他标准还规定了涂料产品序号代号,列于表12-5。

涂料产品序号代号　　　　　　　　　表 12-5

涂料品种		代号	
		自干	烘干
清漆、底漆、腻子	1～29	30 以上	
磁漆	有光	1～49	50～59
	半光	60～69	70～79
	无光	80～89	90～99
专业用漆	清漆	1～9	10～29
	有光磁漆	30～49	50～59
	半光磁漆	60～64	65～69
	无光磁漆	70～74	75～79
	底漆	80～89	90～99

12.3 钢结构防护涂料

12.3.1 环氧树脂类涂料

环氧涂料的主要成膜物质是环氧树脂，最早是由瑞士 Pierre Castan 所合成，我国在 20 世纪 50 年代开始研究生产。环氧树脂的品种很多，典型的为双酚 A 型环氧涂料，性质见表 12-6。

双酚 A 型环氧涂料性质　　　　　　　　　表 12-6

状态		黏度(25℃,Pa·s)	环氧当量(g/mol)	环氧值(mol/100g)
液态	低黏度	8.0～16.0	200	0.5
	高黏度	0.4～1.0(70%溶液)	250	0.4
固态(软化点,℃)	约 70	500	0.2	
	约 100	900	0.11	
	约 130	1700	0.06	
	约 150	2700	0.037	

环氧树脂的主要特性有：

(1) 附着力。附着力是涂料成膜后对涂装面起保护作用的主要性能。附着力差，腐蚀介质就有渗透和在膜下扩散的可能，其表现为涂膜起壳、脱落。这与由于施工工艺控制差而形成的相似的涂膜病态有着本质的区别。

环氧树脂涂料多数为双组分，由其制成的色浆与固化剂部分按正确比例配合，有的固化剂配合后，要求有适当的熟化时间，以避免涂膜产生霜露白化现象，影响外观和保护性能。

环氧树脂与固化剂的反应，对物面有较强的附着力，不论是金属还是混凝土、木材、玻璃等，在粗糙表面由于双组分环氧的初始黏度低而易于渗透；在光滑表面具有优良的附着力，这是环氧分子中含有极性的羟基、醚键等能与物面起反应的活性基团，对潮湿面或者在水下施工也能有一定的附着力，按其特性，此类产品分为潮湿表面施工涂料和水下施工涂料，适用于矿井、密闭舱室的凝露表面施工或潜水作业。

(2) 化学性环氧树脂中双酚 A 链段（二个苯环和一个丙叉基，共 15 个碳原子的烃基）具有疏水性，两个苯环的刚性屏蔽亲水性的羟基和醚键，保持整体涂膜的耐水性。环氧树脂分子中不含酯键，涂膜具有突出的耐碱性，可用在液碱贮槽的防护。

(3) 老化性环氧树脂中的醚键，在紫外线催化下会引起降解断链，涂膜易粉化失去装饰性，户外防护不宜用于面层。但对于必须用于户外、装饰性次要的设备，要求在面涂层配方中，加入足量的屏蔽紫外线的铝粉、云母氧化铁、炭黑、石墨等，阻缓老化速度。环氧涂膜的老化破坏主要表现为逐渐粉化而涂膜减薄，而一般不会出现涂膜龟裂现象。加厚涂装是一个简单问题，修复时只需清理表面粉化层。

12.3.2 聚氨酯树脂类涂料

双聚氨酯树脂类涂料有一个含有异氰酸酯基的组分，另一个为含有羟基的组分，使用时将双组分按产品说明书用量配合，反应固化交联生成聚氨基甲酸酯，简称聚氨酯。

聚氨酯树脂类涂料的性能与环氧树脂类涂料接近，聚氨酯涂料固化剂二异氰酸酯分为芳香族与脂肪族两大类。芳香族类干性快，但易泛黄，户外涂层会变色粉化。这类固化剂如甲苯二异氰酸酯 TDI 和二苯甲烷二异氰酸酯 MDI 与三羟甲基丙烷制成加成物，可减少二异氰酸酯挥发对施工人员呼吸系统及眼部的刺激。

脂肪族固化剂为己二异氰酸酯 HDI、异佛尔酮二乙氰酸酯 IPDI 和二环己甲烷二异氰酸酯 HMDI；另有苯二亚甲基二异氰酸酯 XDI，虽含苯环，由于苯环与异氰酸酯之间有亚甲基间隔，性质接近于脂肪族异氰酸酯，习惯上作脂肪族类使用。

己二异氰酸酯制成缩二脲，作为户外耐暴晒聚氨酯涂料固化剂，有更好的耐候性。

聚氨酯涂料的羟基组分有最普遍应用的聚酯，另有聚醚、丙烯酸、含羟基的乙烯类氯醋共聚体以及元素有机类含羟基的氟碳树脂；异氰酸酯与胺反应生成脲即聚脲树脂，是异氰酸酯应用的发展方向。

12.3.3 沥青

防腐蚀涂料的主要成膜物有沥青，一般情况下是合成树脂改性的沥青。纯沥青涂料的装饰性有限，耐溶剂性和耐候性差。

沥青由于原料来源不同，有石油沥青、天然沥青和煤焦沥青之分。煤焦沥青制成的涂料吸水性较前两种沥青小得多，因此煤焦沥青作为环氧树脂、聚氨酯树脂耐水涂料的改性剂，最常用的是埋地管道、地下半地下设备的外防护涂料（表 12-7）。

煤焦沥青涂料、胺固化环氧涂料和环氧沥青涂料性能比较 表 12-7

煤焦沥青涂料	胺固化环氧涂料	环氧沥青涂料
突出的抗水性	抗水性尚可	优异的抗水性
价格低	价格高	价格适中
厚膜	中等厚度	厚膜
耐溶剂性差	耐溶剂性优良	耐溶剂及耐油性好
对热敏感，不耐温差	对热稳定	对热比较稳定
容忍低表面处理	较高等级要求喷射除锈	容忍手工或动力工具高等级的处理，高要求工程则取喷射除锈

沥青改性的涂料对涂装面有良好的润湿性，可降低原有涂料品种要求的表面处理除锈等级，既提高了涂膜的抗水性，又降低了涂料防护的成本，其缺陷是颜色只能是深色或黑色，涂膜长久留有含有毒性的气味。

煤沥青与环氧树脂类相容性好，环氧沥青是指环氧改性煤沥青涂料。国外学者作了研究，得出两者的比例与涂料性能的关系，见表12-8。

环氧树脂、煤沥青比例与涂料性能的关系　　　　表12-8

实验编号	组成		膜厚 (μm)	Tg·℃	吸水率（质量）(%)	蒸馏水浸渍时间(d)(20℃)				
	环氧树脂	沥青				1	3	5	7	11
1	1.0	0.0	160	85	1.59	—	×			
2	1.0	0.2	150	—	—		×			
3	1.0	0.4	160	64	1.11		×			
4	1.0	0.6	120	—	—		×			
5	1.0	0.8	100	56	0.59	○	○	○	○	○
6	1.0	1.0	130	54	0.51		○	○	○	○
7	1.0	1.2	140	52	0.38		○	○	○	○

注：×为浸水后附着力丧失；○为浸水后附着力保持良好，说明沥青能提高环氧树脂膜浸水后的湿态附着力。

涂料学者称，配制环氧沥青涂料应选用 E42 环氧，以获得高固体涂料的厚膜。沥青应选用软化点在 50℃ 左右的材料，喷涂时不易堵塞喷嘴。固化剂可选用聚酰胺类或酚醛胺类。

冬季户外施工，胺固化环氧涂料固化困难，可改用聚氨酯涂料固化剂。

关于煤焦沥青的环保问题，由于该物质有很强的致癌作用，长期浸泡水的排放要符合环境保护的要求。煤沥青的取代物为改性的石油树脂。

12.3.4 氯化聚烯烃涂料

含氯聚合物是含氯单体经聚合或与其他单体共聚的高分子树脂，氯化聚合物通入氯气取代聚合物分子结构中的氢的一类产物。过氯乙烯是氯化含氯聚合物，早年从前苏联引进技术，其涂料的历史悠久，虽为乙烯树脂类涂料，却可成为单独的过氯乙烯树脂一类。过氯乙烯树脂涂料的固体含量低，《建筑防腐蚀工程施工及验收规范》(GB 50212—2002) 要求，VOC 控制指标不大于 400g/L，固体含量小于 25%，过氯乙烯涂料的一层干膜厚度不大于 $20\mu m$，其前途受到挑战。像苯乙烯树脂涂料、乙烯共聚树脂涂料、聚氯乙烯涂料将遭到同样的抑制。

12.3.5 聚脲涂料

异氰酸酯与胺反应生成脲，其反应非常迅速，超越传统涂装成膜的工艺。聚脲涂料涂装技术是一种新型"万能"（国外称之为 versatile）涂装技术，它全面突破了传统涂装技术的局限性，得到了迅猛的发展。

聚脲涂料是国外近十年来为适应全天候施工和环保需求而研制开发的一种新型无溶剂、无污染的绿色涂料产品，需要专用设备配合施工。聚脲涂料与传统的喷涂聚氨酯技术相比较，具有以下优点：

(1) 不含催化剂,快速固化,可在任意曲面、斜面及垂直面上喷涂成型,不产生流挂现象,1min成膜指干,10min即可达到步行强度。

(2) 聚脲反应速度快于对水的反应,所以对水分、湿气不敏感,施工时不受环境温度、湿度的影响,在冷藏库−18℃条件下也能快速固化。

(3) 一次施工能达到厚度要求,克服了多层施工的弊病。

(4) 优异的物理性能,如抗张强度、柔韧性、耐老化性、耐磨性等,手感从较橡皮(邵A30)到硬弹性体(邵D65)。

(5) 具有良好的热稳定性,可在150℃下长期使用,可承受350℃的短时热冲击。

由于其快速的固化反应,施工1000m²(1.5~2.0mm厚)的涂层,仅需6h即可完成施工,2~3h即可投入使用。对涂层最终的施工厚度没有限制,通常每道涂层的施工厚度在0.4~0.6mm(视喷枪的移动速度而定)。

12.3.6 耐高温涂料

耐高温涂料涂膜具有很好的耐高温性能,在使用温度范围内,涂层能够不变色开裂脱落。耐高温涂料涂层薄,设备安装到投产运行时段或停产检修,水分和氧容易透过面层而引发锈蚀。耐高温漆建议配套体系见表12-9。

耐高温漆建议配套体系　　　　表12-9

涂料品种	名　　称	表面处理	建议道数	涂膜厚度(μm)	适用环境(℃)
底漆 醇酸面漆	711油性红丹防锈漆(712酚醛红丹防锈漆)	Sa2$\frac{1}{2}$	2	80	室内,≤175;大气环境
	753银色醇酸磁漆	—	1	50	
聚酯耐高温漆(烘干或自干)	85号耐高温漆	Sa2$\frac{1}{2}$	1	20	室内,200~400
	85号耐高温漆	—	1	20	
底漆	704无机硅酸锌底漆	Sa2$\frac{1}{2}$	1	50	室外,200~400
聚酯耐高温漆(烘干或自干)	85号耐高温漆	—	1	20	
	85号耐高温漆	—	1	20	
二苯醚耐高温漆(烘干或自干)	FZ-15号耐高温漆	Sa2$\frac{1}{2}$	1	20	室内,400~600
	FZ-15号耐高温漆	—	1	20	
底漆	704无机硅酸锌底漆	Sa2$\frac{1}{2}$	1	50	室外,300~500
有机硅烘干型耐高温漆	14号耐高温漆	—	1	20	
	14号耐高温漆	—	1	20	
聚酯耐高温漆(烘干或自干)	85号耐高温漆	Sa2$\frac{1}{2}$	1	20	室内,200~400
	85号耐高温漆	—	1	20	

续表

涂料品种	名　　称	表面处理	建议道数	涂膜厚度（μm）	适用环境（℃）
底漆	704无机硅酸锌底漆	Sa2$\frac{1}{2}$	1	50	室外,300～500
有机硅烘干型耐高温漆	14号耐高温漆	—	1	20	
	14号耐高温漆		1	20	

12.3.7 聚硅氧烷高耐候涂料

有机硅树脂的分子结构中主链为硅—氧键，故有聚硅氧烷涂料的名称。从国家标准GB 2075—2003的涂料的分类方法中防腐蚀涂料和其他专用涂料的主要成膜物类型列出了有机硅树脂，分类方法二中主要成膜物类型元素有机漆类列出了有机硅树脂。

12.3.8 有机氟树脂涂料

有机氟树脂涂料即氟碳涂料。氟碳涂料涂膜有不黏的特性。氟碳涂料是热固化品种，工程涂装选用的是脂肪族多异氰酸酯，钢结构面层涂料固化耐候性达15～20年。

12.3.9 乙烯基酯树脂

乙烯基酯树脂是由树脂制作玻璃钢，再发展为玻璃鳞片涂料与地面涂料，其历史没有其他树脂涂料久远，影响面也不够大。近年来乙烯基酯玻璃鳞片涂料在电厂环保项目中应用普遍。

虞兆年著《防腐蚀涂料和涂装》中将乙烯基酯树脂列在丙烯酸树脂名下，理由是此类树脂端基含有两个丙烯酸或甲基丙烯酸双键。

华东理工大学研制的乙烯基酯树脂主要原材料丙烯酸酯序名为不饱和酸，乙烯基酯名称标为环氧乙烯基酯树脂，其分类见表12-10。

耐腐蚀环氧乙烯基酯树脂的分类　　　　表12-10

乙烯基酯类型	主要原料		特　点
	不饱和酸	环氧树脂	
ME	甲基丙烯酸(M)	E型环氧	通用型
AE	丙烯酸(A)	E型环氧	韧性
MF	甲基丙烯酸(M)	F型环氧	耐高温
MFE	甲基丙烯酸(M)富马酸(F)	E型环氧	通用型
AF	丙烯酸(A)	F型环氧	韧性、耐高温
AFE	丙烯酸(A)富马酸(F)	E型环氧	韧性
MEX	甲基丙烯酸(M)	EX型环氧	阻燃

华东理工大学把乙烯基酯树脂描述为：分子二端含有乙烯基团，中间骨架为环氧树脂。也提出乙烯基酯这个外来词含义不确切，名称应该是环氧乙烯基酯。乙烯基酯树脂和其他类型树脂耐化学药品性能比较见表12-11。

乙烯基酯树脂和其他类型树脂化学药品性能比较　　　　表 12-11

树脂类型	无机酸	有机酸	氧化剂	碱	有机溶剂
邻苯型 UP	中	中	差	差	差
间苯型 UP	良	良	良	差、中	良
双酚 A 型 UP	优	优	优	优	中
常温固化呋喃树脂	中、良	中、良	差	中、良	中、良
高温固化呋喃树脂	优	优	差	优	优
常温固化环氧树脂	中、良	良	差	优	中
高温固化环氧树脂	优	优	差	优	良
乙烯基酯树脂	优	优	优	优	良、优

12.3.10　耐腐蚀配套涂料产品

1. 富锌涂料

富锌涂料是锌粉涂料良好防锈性能应用的发展。美国钢结构涂装协会（SSPC）的富锌涂料最低含锌量标准：无机富锌为 74%，有机富锌为 77%。但近年来国际铅锌组织（ILZHO）研究结论表明，含锌量与防蚀性并无直接关系。

富锌涂料分为无机与有机两大类，根据成膜物质的不同又分成多类。

(1) 无机富锌涂料。

无机富锌涂料系列可分为水溶性后固化无机富锌和水溶性自固化无机富锌，前者涂膜干燥后 H_3PO_4 或 $MgCl_2$ 溶液使其固化。后者硅酸盐模数高，品种有硅酸钠、钾、锂等，效果均良好。还有一类为醇溶性自固化无机富锌，基料为正硅酸乙酯缩合物的醇溶液，特点是干燥快，适合流水线作业，是无机富锌涂料中应用量最广的品种。无机富锌的固化理论与防锈机理的研究还在发展，无机富锌涂料的应用，必需尊重生产企业应用经验，严格控制锌粉质量与基料的配合比、表面处理以及施工环境条件，保证施工质量。无机富锌涂料耐温 400℃，适宜用于防火涂料底涂层，以防止起火初期防火涂料整体系统脱落而影响建筑钢结构的保护。

(2) 有机富锌涂料。

有机富锌涂料的成膜材料多数为环氧树脂，取其对锌粉的润湿和包容性，初期的低黏度与良好的流动性，成膜后对物面的良好附着力。上海市涂料研究所厦门试验站对有机富锌与无机富锌进行了比较，见表 12-12。

有机富锌与无机富锌比较　　　　表 12-12

富锌涂料	膜厚(μm)	试验时间	检查结果
有机富锌（醇型）	62	1982.7~1987.8（5 年）	完好，表面有锌盐
无机富锌	60	1982.7~1984.9（2 年）	20% 锈点

两种富锌涂料的表面处理等级，无机富锌略高，无机富锌涂料涂装后的养护对相对湿度要求有特殊性，成膜固化阶段要求大于 55%，配套涂料有专用品种。富锌涂料的耐蚀性是指抗大气中水、氧气对钢构体的锈蚀的性能。由于锌及其与空气中氧气、二氧化碳生成的氧化锌、碳酸锌等有助于涂层致密性提高，抵御酸碱介质的腐蚀能力仅适于 pH 值在 5~9 的范围。在酸碱液体介质浸渍环境中，宜用其他防锈底涂料品种。

无机富锌配套涂料品种有磷化底漆、环氧封闭涂料、环氧云铁防锈涂料。环氧封闭涂料一般为树脂液，取其流动渗透好的特点，但当钢结构再需覆涂环氧云铁涂料时，要考虑涂装允许最大间隔时间的限制，一旦出现附着力问题，再在高空钢结构作大面积打磨，得到好结果的难度大。超过覆涂间隔时间的条件下，要及时覆涂无间隔时间限制的云母氧化铁颜料的中涂层品种。

2. 鳞片涂料

（1）云母鳞片及云母氧化铁鳞片涂料。

虞兆年著《防腐蚀涂料和涂装》以较多的篇幅讲述片状颜料，其特点是在涂膜中起到迷宫效应，延长水、氧等腐蚀离子的渗透途径，减缓腐蚀速率。以含羧基氯乙烯醋酸乙烯共聚树脂为成膜材料，研究鳞片玻璃、不锈钢鳞片、片状铝粉、云母等对水蒸气透过率的影响，结果见表 12-13。

片状颜料对水蒸气透过率的影响　　表 12-13

投料配方	空白对比	玻璃鳞片	不锈钢鳞片	片状铝粉	云母
钛白					
气相二氧化硅	9.23	9.39	9.69	9.41	9.40
硅酸铝	3.08	3.11	3.01	3.14	3.13
C-玻璃鳞片(硅处理剂)	11.52	5.64		6.12	5.50
不锈钢鳞片		5.82(0.16)			
片状铝粉			14.16		
水磨云母粉(325目)				5.28	
VMCH乙烯共聚树脂					5.85
邻苯二甲酸二异癸脂(增塑剂)	13.25	13.47	13.90	13.49	13.51
	3.30	3.35	3.45	3.36	3.36
溶剂	59.38	58.82	55.53	58.98	59.01
水蒸气透过率(60℃)[g/(m² · 24h)]	34.8	13.6	8.6	12.1	22.1

上述试验片状颜填料加入量最高不到 15%，水蒸气透过率降低至 1/3～1/4，实际玻璃鳞片推荐用量为 20% 以上，云母氧化铁的用量高达 50%，铝粉加至 15% 透过率减少 5 倍。

上海南浦大桥及杨浦大桥底涂层为环氧富锌涂料，中涂层采用环氧型云母氧化铁涂料，面涂层为氯化橡胶涂料，使用寿命超过 10 年。

云母氧化铁涂料的表面较粗糙，给予面涂层一个良好的涂装面，但当遇雨水浸泡，其干燥速度比预见的要慢，某大桥涂装工程，曾发生对水分敏感的聚氨酯涂料涂装，由于云母氧化铁中涂层残留的水分引起覆盖层起泡。为接受教训，丙烯酸聚氨酯面涂层覆涂，应对涂装面的含水率用水分测定仪检测，含水率不得大于 6%。

（2）玻璃鳞片涂料。

玻璃鳞片的原材料为耐腐蚀的硼硅玻璃，而不是带青绿色或灰暗的钠钙玻璃。玻璃鳞片有厚度与细度的标准，应用在不同要求的场合。20 世纪 80 年代应用在引进的乙烯装置、冶炼厂的排气筒等，用于强腐蚀和高磨损设备管道的内防腐。近年来环保要求发电厂排气筒的工程量大，烟气脱硫吸收塔需要玻璃鳞片涂料防护。

1）玻璃鳞片涂料的成膜材料，根据应用环境条件选用环氧类或乙烯基酯类。鳞片颜料片迷宫效应与玻璃材质的硬度相结合，高于碳钢的耐磨性，是含固体颗粒如煤、泥浆输送管道内防护的首选品种。

2) 玻璃鳞片涂料对钢材表面只有对腐蚀介质屏蔽，没有防锈颜料的钝化缓蚀功能，涂膜破损后膜下锈蚀蔓延块。玻璃鳞片涂料在海洋环境中应用，钢结构表面宜以富锌类作为底涂层；在酸碱类化学介质腐蚀环境，宜以磷酸锌、磷酸铝为防锈颜料的防锈底涂层。

3) 玻璃鳞片涂料配制，成膜树脂对玻璃鳞片的润湿性，关系到涂料产品的防护性能，要检验玻璃鳞片硅偶联剂处理的质量，观察玻璃鳞片在水面的漂浮性。在成膜树脂中添加乙烯基硅烷，使硅烷的烷氧基与玻璃鳞片表面的羟基反应结合。加入商品牌号为 KH 偶联剂系列，用量视玻璃鳞片的多少，约为 1‰～2‰。

玻璃鳞片涂料在储油罐内壁防护应用较普遍，日本油罐内壁采用乙烯基酯树脂玻璃鳞片涂料的占 6.5%，采用环氧树脂型涂料的占 27.1%，采用富锌涂料的占 6.4%，玻璃鳞片涂料的平均厚度为 0.7mm，使用寿命为 7～10 年。

4) 玻璃鳞片涂料具有比同品种涂料有更好的对紫外线、氧气以及化学腐蚀介质的屏蔽性，涂层抗渗耐磨，提高了涂层的耐温等级，用于冶炼厂烟道和石化乙烯装置烟气脱硫温度较高、高磨损的设备管道内壁及外防护。

5) 玻璃鳞片涂料做抗渗性试验，比玻璃钢高出 4～5 倍，几乎无残余应力，还能阻止材料的裂纹扩展，由于这些优点，将会取代玻璃钢用于设备、管道以及地坑、贮槽等构筑物的内衬。

3. 低表面处理涂料

低表面处理涂料作为工业涂料，只能归在未涵盖的其他专用涂料中。带锈涂料和锈面涂料不除锈即可涂装，能达到除锈后涂装的同样效果。低表面处理涂料则要求除锈，但除锈标准可低一些，避免对带锈涂料错误理解而使这类涂料品种被错误应用而影响推广。

低表面处理涂料的应用，可减少表面处理投入而取得较好的结果，适用于表面处理不满足喷射的空间距离，轻腐蚀环境维修可随时安排，这类涂层防锈效果恰好满足于钢结构的防护。低表面处理涂料目前仅适用于维修工程，重大工程选用低表面处理涂料，要有设计依据。

12.4 防火涂装材料

由于钢材是一种高温敏感材料，其强度和变形性能都会随温度的升高而发生急剧变化，普通建筑用钢在全负荷的情况下失去静态平衡稳定性的临界温度为 500℃，一般在 300～400℃时，钢材强度开始迅速下降。到 500℃左右，其强度下降 40%～50%，钢材的力学性能，如屈服点、抗压强度、弹性模量以及荷载能力都会迅速下降，达到 600℃时，主要力学性参数均接近于零，其承载力几乎完全丧失。一般裸露钢结构耐火极限只有 10～20min，所以，若用没有防火涂层的普通建筑用钢作为建筑物的主体结构，一旦发生火灾，建筑物就会迅速坍塌，对人民的生命和财产安全造成严重的损失，后果不堪设想。

因此，对钢结构采取防火保护措施不仅可以减轻钢结构在火灾中的破坏，避免钢结构在火灾中局部或整体倒塌造成人员伤亡，使人员能够及时疏散，还可以减少火灾后钢结构的修复费用，减少间接经济损失。钢结构的耐火极限要求见表 12-14。

钢结构的耐火极限要求（h）　　　　　　　　表 12-14

		单、多层建筑				高层建筑	
		一级	二级	三级	四级	一级	二级
柱	支承多层的柱	3.00	2.50	2.50	0.50	3.00	2.50
	支承单层的柱	2.50	2.00	2.00			
梁		2.00	1.50	1.00	0.50	2.00	1.50
楼板		1.50	1.00	0.50	0.25		
屋顶承重构件		1.50	1.50	0.50		1.50	1.00
疏散楼梯		1.50	1.00	1.00			

12.4.1 防火涂料

燃烧是放热的氧化反应，必须同时具备三个基本条件：可燃物、助燃剂（空气或氧气）和火源（火焰或高温）。只要缺少一个条件，燃烧便不可能发生或被阻止。燃烧会释放出大量热能，传导使周围可燃物发生热分解，形成燃烧蔓延。因此，防火涂料从以下六个方面实现防火阻燃作用：

1）利用成炭或发泡剂形成的膨胀与碳化层来阻挡热量传导。
2）利用熔融覆盖层来隔绝空气。
3）利用吸热反应来降低受热温度（例如氢氧化铝在 200~300℃吸热脱水）。
4）利用含卤素有机物来阻止燃烧的连锁反应。
5）利用分解出的惰性气体（如 NH、H_2O、CO_2、HCl、HBr）来稀释可燃气体。
6）改变热分解反应历程，阻止放热量大的完全燃烧反应的发生。
而聚磷酸铵、有机磷酸酯及硼酸盐具有以上多种作用，是比较好的阻燃剂。

12.4.2 钢结构防火涂料的分类

（1）防火涂料分为膨胀型和非膨胀型两大类。
1）有机型非膨胀防火涂料由自熄性树脂、磷酸酯及硼酸盐难燃剂、三氧化二锑阻燃剂等配制而成，为难燃性涂料。无机型非膨胀防火涂料由硅酸盐和耐火生填料组成，具有不燃性。
2）膨胀型防火涂料属难燃性涂料，基料多采用水性树脂、三聚氰胺甲醛树脂及难燃性氯化树脂、聚磷酸铵、硼酸盐成炭催化剂、多元醇成炭剂、三聚氰胺等含氮物发泡剂和纤维增强剂组成。
（2）按使用场所可分为二种，即室内和室外防火涂料。
1）室内钢结构防火涂料主要用于建筑物室内或隐蔽工程的钢结构表面。
2）室外钢结构防火涂料用于建筑物室外或露天工程的钢结构表面。
（3）钢结构防火涂料按使用厚度可分为三种：
1）超薄型钢结构防火涂料，涂层厚度小于或等于 3mm。
2）薄涂型钢结构防火涂料，涂层厚度大于 3mm 且小于或等于 7mm。

3）厚涂型钢结构防火涂料，涂层厚度大于7mm且小于或等于45mm。

12.4.3 钢结构防火涂料的技术性能

钢结构防火涂料的技术性能包括粘结强度、耐水性、耐冷热循环性、耐火性能等理化性能。室外钢结构防火涂料需增加耐曝热性、耐湿热性、耐酸、耐碱及耐盐雾腐蚀性等技术。目前我国钢结构防火涂料执行标准见表12-15、表12-16。

室内钢结构防火涂料技术性能 表12-15

序号	检验项目		技术指标			缺陷管理
			NCB	NB	NH	
1	在容器中的状态		经搅拌后呈均匀细腻状态，无结块	经搅拌后呈均匀液态或稠厚流体状态，无结块	经搅拌后呈均匀稠厚流体状态，无结块	C
2	干燥时间（表干）(h)		≤8	≤12	≤24	C
3	外观与颜色		涂层干燥后，外观与颜色同样品相比应无明显差别	涂层干燥后，外观与颜色同样品相比应无明显差别		C
4	初期干燥抗裂性		不应出现裂纹	允许出现1~3条裂纹，其宽度应≤0.5mm	允许出现1~3条裂纹，其宽度应≤1mm	C
5	粘结强度(MPa)		≥0.20	≥0.15	≥0.04	B
6	抗压强度(MPa)				≥0.3	C
7	干密度(kg/m³)				≤500	C
8	耐水性		≥24h，涂层应无起层、剥落、起泡现象	≥24h，涂层应无起层、剥落、起泡现象	≥24h，涂层应无起层、剥落、起泡现象	B
9	耐冷热循环性		≥15次，涂层应无起层、剥落、起泡现象	≥15次，涂层应无起层、剥落、起泡现象	≥15次，涂层应无起层、剥落、起泡现象	B
10	耐火性能	涂层厚度（不大于）(mm)	2.00±0.20	5.0±0.5	25±2	A
		耐火极限（不低于）(h)（以I36b或I60b标准工字钢梁作基材）	1.0	1.0	2.0	

注：裸露钢梁耐火极限为15min（I36b、I40b验证数据），作为表中0mm涂层厚度耐火极限基础数据。

室外钢结构防火涂料技术性能 表12-16

序号	检验项目	技术指标			缺陷管理
		WCB	WB	WH	
1	在容器中的状态	经搅拌后细腻状态，无结块	经搅拌后呈均匀液态或稠厚流体状态，无结块	经搅拌后呈均匀稠厚流体状态，无结块	C
2	干燥时间（表干）(h)	≤8	≤12	≤24	C

续表

序号	检验项目		技术指标			缺陷管理
			WCB	WB	WH	
3	外观与颜色		涂层干燥后,外观与颜色同样品相比应无明显差别	涂层干燥后,外观与颜色同样品相比应无明显差别		C
4	初期干燥抗裂性		不应出现裂纹	允许出现1~3条裂纹,其宽度应≤0.5mm	允许出现1~3条裂纹,其宽度应≤1mm	C
5	粘结强度(MPa)		≥0.20	≥0.20	≥0.20	B
6	抗压强度(MPa)				≥0.5	C
7	干密度(kg/m³)				≤650	C
8	耐曝热性		≥720h,涂层应无起层、脱落、空鼓、开裂现象	≥720h,涂层应无起层、脱落、空鼓、开裂现象	≥720h,涂层应无起层、脱落、空鼓、开裂现象	B
9	耐湿热性		≥15h,涂层应无起层、剥落、起泡现象	≥15h,涂层应无起层、剥落、起泡现象	≥15h,涂层应无起层、剥落、起泡现象	B
10	耐冻融循环性		≥504次,涂层应无起层、脱落现象	≥504次,涂层应无起层、脱落现象	≥504次,涂层应无起层、脱落现象	B
11	耐酸性		≥360h,涂层应无起层、脱落、开裂现象	≥360h,涂层应无起层、脱落、开裂现象	≥360h,涂层应无起层、脱落、开裂现象	B
12	耐碱性		≥360h,涂层应无起层、脱落、开裂现象	≥360h,涂层应无起层、脱落、开裂现象	≥360h,涂层应无起层、脱落、开裂现象	B
13	耐盐雾腐蚀性		≥30次,涂层应无起泡、明显的变质、软化现象	≥30次,涂层应无起泡、明显的变质、软化现象	≥30次,涂层应无起泡、明显的变质、软化现象	B
14	耐火性能	涂层厚度(不大于)(mm)	2.00±0.20	5.0±0.5	25±2	A
		耐火极限(不低于)(h)(以I36b或I60b标准工字钢梁作基材)	1.0	1.0	2.0	

注:裸露钢梁耐火极限为15min(I36b、I40b验证数据),作为表中0mm涂层厚度耐火极限基础数据。耐久性项目(耐曝热性、耐湿热性、耐冻融循环性、耐酸性、耐碱性、耐盐雾腐蚀性)的技术要求除表中规定外,还应满足附加耐火性能的要求,方能判定该性能合格。耐酸性和耐碱性可仅进行其中一项测试。

13 材料消耗定额管理

13.1 材料消耗定额

材料消耗定额是指在合理使用材料的条件下，生产单位合格建筑产品所必须消耗的材料数量标准。消耗定额就是一个企业预计材料的消耗量，并以此为标准估计生产产品的材料总耗用量，用来估算成本，和实际成本之间的差额叫做材料成本差异。

材料消耗定额是国民经济计划中的一个重要技术经济指标，是正确确定物资需要量，编制物资供应计划的重要依据。是产品成本核算和经济核算的基础。实行限额供料是有计划地合理利用和节约原材料的有效手段。材料消耗定额应在保证产品质量的前提下，根据本厂生产的具体条件，结合产品结构和工艺要求，以理论计算和技术测定为主，以经验估计和统计分析为辅来制定最经济最合理的消耗定额。

13.2 材料消耗定额的内容

材料消耗定额是编制材料计划，确定材料供应量的依据。

建设工程定额是指在工程建设中单位产品人工、材料、机械和资金消耗的规定额度，是在一定社会生产力发展水平的条件下，完成工程建设中的某项产品与各种生产消费之间的特定的数量关系。建设工程定额（建筑安装工程定额）属于消费定额性质，是由人工消耗定额、材料消耗定额和机械台班消耗定额三部分组成。有关建设工程定额的具体分类，如图13-1所示。

13.2.1 施工定额

施工定额是具有合理劳动组织的建筑工人小组，在正常施工条件下为完成单位合格产品所需的人工、材料、机械消耗的数量标准，它是根据专业施工的作业对象和工艺制定的，施工定额反映企业的施工水平、装备水平和管理水平，可作为考核施工企业劳动生产率水平、管理水平的标尺和确定工程成本、投标报价的依据。施工定额是企业定额，是施工企业管理的基础，也是建设工程定额体系的基础，也就是说，以众多施工企业的施工定额为基础加以科学的综合，就可编制出以分部分项工程为对象的预算定额；再以预算定额为基础，加以科学综合，就可编制出概算定额、概算指标，进而可进行建设工程投资造价的估算。

13.2.2 材料消耗定额

材料消耗定额是指在正常施工条件下，完成单位合格产品所需的材料数量指标。有了这个指标，根据建筑产品的工程量，就可计算出材料的需用量，所以说材料消耗定额是材料需用量计划的编制依据。作为材料员要懂得材料消耗定额的含义并要在具体工作中学会

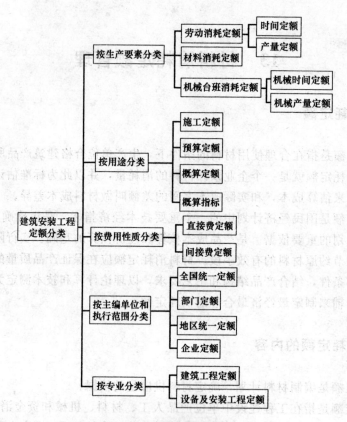

图 13-1 建筑工程定额分类

应用，因为施工中材料消耗的费用差不多占工程成本的60%～70%，所以材料消耗量的多少，消耗是否合理，不仅关系到资源是否有效和用，而且对建筑产品的成本控制起着决定性的作用。

13.3 材料计划编制

建筑材料计划一般按用途分类，主要材料计划又需用量计划、采购计划、供应计划、加工订货计划、施工设施用料计划、周转材料租赁计划和主要材料节约计划等。由于建筑产品建设周期的长期性；施工工序的复杂性、多变性；建筑材料的多样性和大量性，建筑企业不可能也不必要把一个项目甚至一个企业多个项目所需的建筑材料一次备齐，因此在做好每个项目的总需量计划外，还必须按施工工序、施工内容做年度、季度、月度甚至旬的计划，只有这样才能以最少的资金投入保证材料及时、准确合理、节约地供应和使用，满足工程需要。

13.3.1 工程材料计划的编制内容

建筑材料计划一般按用途分类，主要材料计划有需用量计划、采购计划、供应计划、加工订货计划、施工设施用料计划、周转材料租赁计划和主要材料节约计划等。

1. 施工项目主要材料需要量计划

1）项目开工前，向公司材料供应部门提出一次性材料计划，包括总计划、年计划。

2）依据施工图纸预算，并考虑施工现场材料管理水平和节约措施，编制材料需要量计划。

3）以单位工程为对象，编制各种材料需要量计划，而后归集汇总整个项目的各种材料需要量计划。

4）该计划作为企业材料供应部门采购、供应的依据。

2. 主要材料的月（季）需要量计划

1）在项目施工中，项目经理部应向企业材料供应部门提出主要材料月（季）需要量计划。

2）应依据工程施工进度编制计划，还应随着工程变更情况和调整后的施工预算及时调整计划。

3）该计划内容主要包括各种材料的库存量、需要量、储备量等数据，并编制材料平衡表。

该计划作为企业材料供应部门动态供应材料的依据。

3. 构配件加工订货计划

1）在构件制品加工周期允许时间内提出加工订货计划。

2）依据施工图纸和施工进度编制。

3）作为企业材料供应部门组织加工和向现场送货的依据。

4）报材料供应部门作为及时送料的依据。

4. 施工设施用料计划

1）按使用期提前向供应部门提出施工设施用料计划。

2）依据施工平面图对现场设施的设计编制。

3）报材料供应部门作为及时送料的依据。

5. 周转材料及工具租赁计划

1）按使用期，提前向租赁站提出租赁计划。

2）要求按品种、规格、数量、需用时间和进度编制。

3）依据施工组织设计编制。

4）作为租赁站送货到现场的依据。

6. 主要材料节约计划

根据企业下达的材料节约率指标编制。

13.3.2 工程材料计划的流程

1. 施工项目材料需要量计划编制

以单位工程为对象计算各种材料的需要量。即在编制的单位工程预算的基础上，按分部分项工程计算出各种材料的消耗数量，然后在单位工程范围内，按材料种类、规格分别汇总，得出单位工程各种材料的定额消耗量。在考虑施工现场材料管理水平及节约措施后即可编制出施工项目材料需要量计划。

2. 施工项目的月（季、半年、年）材料计划编制

主要计算各种材料的需要量、储备量，经过综合平衡后确定材料的申请、采购量。

(1) 各种材料需要量确定的依据是：计划期生产任务和材料消耗定额等。其计算公式：

$$某种材料需要量 = \Sigma(计划工程量 \times 材料消耗定额)$$

(2) 各种材料库存量、储备量的确定：

$$计划期初库存量 = 编制计划时实际库存量 + 期初前的预计到货量 - 期初前的预计消耗量$$

$$计划期末储备量 = (0.5 \sim 0.75)经常储备量 + 保险储备量$$

经常储备量即经济库存量，保险储备量即安全库存量。当材料生产或运输受季节影响时，需考虑季节性储备。其计算公式如下：

$$季节性储备量 = 季节储备天数 \times 平均日消耗量$$

(3) 编制材料综合平衡表（表13-1），提出计划期内材料进货量，即申请量和市场采购量。

$$材料申请采购量 = 材料需要量 + 计划期末储备量 - (计划期初库存量 - 计划期内不合用数量) - 企业内可利用资源$$

计划期内不合用数量是考虑库存量中，由于材料、规格、型号不符合计划期任务要求扣除的数量。可利用资源是指积压呆滞材料的加工改制、废旧材料的利用、工业废渣的综合利用，以及采取技术措施可节约的材料等。

在材料平衡表的基础上，分别编制材料申请计划和市场采购计划。

材料综合平衡表 表13-1

材料名称	计量单位	上期实际消耗量	计划期								备注
			需要量	储备量					进货量		
				期末储备量	期初库存量	期内不合用数量	尚可利用资源	合计		其中	
										申请量	市场采购量	

参考文献

[1] 上海市建筑材料质量监督站. 材料员必读 [M]. 北京：中国建筑工业出版社，2005.
[2] 刘声杨. 钢结构疑难释义 [M]. 北京：中国建筑工业出版社，1998.
[3] 上海市金属结构行业协会. 建筑钢结构焊接工艺师 [M]. 北京：中国建筑工业出版社，2006.
[4] 龚利红. 材料员一本通 [M]. 北京：中国电力出版社，2008.
[5] 国振喜. 实用建筑工程施工及验收手册 [M]. 北京：中国建筑工业出版社，2004.
[6] 高琼英. 建筑材料 [M]. 武汉：武汉理工大学出版社，2006.
[7] 国国家标准. 钢分类 GB/T 13301.2—2008. 北京：中国标准出版社，2008.
[8] 国国家标准. 低合金高强度结构钢 GB/T 1591—2008. 北京：中国标准出版社，2008.
[9] 国家标准. 彩色涂层钢板及钢带 GB/T 12754—2006. 北京：中国标准出版社，2006.
[10] 国家标准. 钢铁产品牌号表示方法 GB/T 221—2008. 北京：中国标准出版社，2008.
[11] 行业标准. 结构用高频焊接薄壁 H 型钢 JG/T 137—2007. 北京：中国标准出版社，2007.
[12] 行业标准. 热轧 H 型钢和部分 T 型钢 GB/T 11263—2005. 北京：中国标准出版社，2005.
[13] 行业标准. 碳素结构钢 GB/T 700—2006. 北京：中国标准出版社，2006.
[14] 行业标准. 钢产品标记代号 GB/T 15575—2008. 北京：中国标准出版社，2008.
[15] 行业标准. 冷弯型钢 GB/T 6725—2008. 北京：中国标准出版社，2008.